ESSAI

SUR

L'HISTOIRE GENERALE

DES

MATHÉMATIQUES.

I.

DE L'IMPRIMERIE D'ÉGRON,

RUE DES NOYERS, N°. 24.

Charles Bossut.

ESSAI

SUR

L'HISTOIRE GÉNÉRALE

DES

MATHÉMATIQUES,

Par CHARLES BOSSUT,

Membre de l'Institut National des Sciences et des Arts do France,
des Académies de Bologne, de Pétersbourg, de Turin, etc.

TOME PREMIER.

A PARIS,

CHEZ LOUIS, LIBRAIRE, RUE DE SAVOIE, N°. 22.

MDCCCII.

PRÉFACE.

PLUSIEURS Auteurs ont écrit par morceaux détachés, et sans observer de proportion, l'Histoire des Mathématiques, soit dans leurs préfaces, soit dans quelques ouvrages spécialement destinés à cet objet : Montucla est jusqu'ici le seul qui l'ait embrassée dans sa totalité, suivant un ordre subordonné à la nature et à l'étendue de chaque branche particulière. Son *Histoire des Mathématiques* parut pour la première fois en 1758 : elle en expose le développement et les progrès depuis leur origine jusqu'au commencement du siècle passé ; elle a été réimprimée en 1798, avec des additions considérables, mais toujours renfermée dans le même espace de temps. L'Auteur avait préparé des matériaux pour la conduire jusqu'à nos jours ; mais la mort l'ayant enlevé aux sciences, en 1799, il n'a pu les mettre entièrement en état d'être imprimés. Ses manuscrits ont été revus, perfectionnés, augmentés de supplémens nécessaires, et on vient de publier cette suite. Je ne la connais (*) que par l'annonce des journaux.

L'ouvrage de Montucla a reçu des savans les justes éloges qu'il méritait. En effet, il contient une immense quantité de recherches intéressantes, principalement sur les anciennes Mathématiques. Je ne dissimulerai pas cependant qu'il a essuyé diverses critiques. On y désirerait en général plus de méthode, moins d'entrelacement de matières souvent disparates, un style un peu plus soigné, la suppression de certaines plaisanteries qui détonnent avec la gravité du sujet : on objecte qu'il n'est à la portée que des mathématiciens de profession ; qu'à la vérité on y trouve des traités sur presque toutes les parties des Mathématiques, mais que ces traités ne se succédant pas

_____

(*) Écrit le 3o prairial an X.

les uns aux autres dans un ordre classique et élémentaire, ils ne peuvent être
entendus que par des lecteurs qui en
connaissent déjà le fond. On voudrait que
Montucla fût un peu plus entré dans l'esprit des auteurs dont il expose les découvertes : par exemple, on regrette qu'en
parlant des sections coniques, il n'ait pas
donné un extrait un peu étendu des *Coniques* d'Apollonius, ni assez fait connaître la méthode de cet ancien géomètre:
objet du plus grand intérêt pour les amateurs de la belle synthèse.

Que ces critiques soient fondées ou non,
il restera toujours à Montucla la gloire
d'avoir produit un ouvrage très-savant,
très-utile, et d'une espèce d'autant plus
rare, que les hommes épris de l'amour
des Mathématiques ont ordinairement
plus de penchant à les enrichir de leurs
propres découvertes, qu'à rapporter celles
des autres : on doit lui tenir compte d'un
tel dévouement.

Il n'est pas ici question d'une histoire
détaillée des Mathématiques : je ne con-

sidère dans chaque partie que les idées
mères et les principales conséquences
qui en découlent. Ayant toujours eu, dans
le cours de mes études, la curiosité de
remonter à l'origine de ces connaissances,
et plein d'une profonde vénération pour
les grands hommes à qui on les doit, je
commençai, il y a environ trente ans, à
jeter de loin en loin sur le papier les réflexions que cette disposition d'esprit faisait naître. Il en résulta d'abord une es-
quisse que je publiai, en 1784, à la tête
du Dictionnaire de Mathématiques de
l'*Encyclopédie méthodique*. Cette es-
quisse eut quelque succès : elle était néanmoins fort imparfaite, tant par la con-
trainte de me resserrer dans un espace
très-étroit, que par des irrégularités dans
mon plan, que je n'avais pas encore assez
médité dans ce temps-là ; et ce qui aggra-
vait ces défauts, plusieurs choses essen-
tielles étaient étranglées, ou même entièrement omises. Des amis éclairés m'ont
pressé de me corriger, et de former un
corps d'ouvrage qu'on pût lire avec une

sorte d'intérêt pour la curiosité, et quelque profit pour l'instruction. J'ai tâché de
remplir leurs vues, autant que mes faibles
moyens me l'ont permis. Je m'estimerai
heureux, si je puis inspirer à la jeunesse
le goût et l'étude de ces sciences sublimes,
vraiment dignes d'occuper un être pensant.

On me soupçonnera peut-être de par-
tialité en leur faveur. Je n'aurai pas de
peine à me disculper. Je crois, et je l'ai
déclaré en plusieurs occasions, que les
hommes supérieurs sont à peu près également rares dans tous les genres, et que
la nature met une espèce d'équilibre entre
toutes ses productions ; mais, par une
suite du même principe, je dois réfuter
ceux qui n'accordent le génie qu'aux facultés de l'imagination, et qui croient
qu'avec une intelligence ordinaire, et
beaucoup de travail, on peut s'élever au
premier rang dans les sciences. Les exemples sur lesquels ils s'appuient ne sont
point concluans. On a vu, il est vrai, des
hommes appliqués, doués d'une heureuse
mémoire, et n'ayant d'ailleurs qu'une mé-

diocre sagacité primitive, se faire dans le
monde la réputation de grands géomètres.
Mais doit-on être surpris qu'une multitude ignorante, ou superficielle, confonde
le produit du savoir, qui s'obtient par l'é-
tude, avec les vérités neuves et originales,
que le génie seul peut enfanter? Si on veut
être équitable, il faut opposer aux grands
poëtes, aux grands orateurs, les grands mathématiciens, bien avoués. Qu'on mette,
par exemple, d'une part, Homère, Virgile, Racine, Pope, Démosthène, Cicéron, Bossuet; de l'autre, Archimède,
Hipparque, Galilée, Descartes, Huguens,
Newton, Leibnitz : alors il ne sera pas si
facile de décider de quel côté la balance
doit pencher.

Je combattrai encore, ou du moins je tâ-
cherai d'affaiblir un reproche que l'on fait
aux mathématiciens, non qu'il ne s'applique plus justement peut-être à leurs adversaires, mais enfin il faut convenir que
les premiers, même les plus illustres, le
méritent quelquefois : on les accuse d'être
vains. Tel était, par exemple, Jean Ber-

noulli, comme on le verra dans cet ouvrage. Mais pourquoi le monde exige-t-il avec tant de sévérité que les hommes supérieurs paraissent ignorer entièrement ce qu'ils valent? J'en ai cherché la raison, et je crois l'avoir trouvée. La modestie est un abandon de soi-même, une espèce d'aveu d'infériorité que la médiocrité saisit avidement pour se consoler, qu'elle cherche à interpréter dans le sens littéral, et dont même elle se fait souvent une arme pour écarter l'homme de génie, timide, dénué d'appui, et victime de sa candeur. L'expérience fait voir qu'il y a plus de danger à se trop rabaisser, que de ridicule à vanter son propre mérite.

Ajoutons qu'on prend quelquefois pour amour-propre ce qui n'est qu'une ingénuité estimable dans un savant, presque toujours solitaire même au milieu de la société, ignorant les maximes et les usages d'un monde corrompu, où les hommes ne songent qu'à se tromper les uns les autres, et à feindre des sentimens qu'ils n'ont pas.

Cet Essai se termine aux années 1782 et 1783 : années funestes où les sciences perdirent Daniel Bernoulli, Euler et d'Alembert. Je m'abstiens en ce moment de parler des travaux des mathématiciens vivans ; mais je m'en suis fait aussi un tableau, et je le donnerai sous ce titre : *Considérations sur l'état actuel des Mathématiques.* On sent combien ce dernier ouvrage doit demander de circonspection, dans le dessein que j'ai d'être parfaitement juste, et de payer aux véritables inventeurs le tribut d'éloges et de reconnaissance qui leur est dû.

ESSAI

ESSAI

SUR L'HISTOIRE GÉNÉRALE

DES MATHÉMATIQUES.

INTRODUCTION.

TABLEAU GÉNÉRAL DES MATHÉMATIQUES.
PEUPLES QUI LES ONT CULTIVÉES.

LE nom seul des Mathématiques, qui, dans son étymologie, veut dire *instruction*, *science*, peint, d'une manière juste et précise, l'idée noble qu'on doit s'en former. En effet, elles ne sont qu'un enchaînement méthodique de principes, de raisonnemens et de conclusions, que la certitude et l'évidence accompagnent toujours : avantage qui caractérise spécialement les connaissances exactes, les véritables sciences, auxquelles il faut bien se garder d'assimiler les opinions métaphysiques, les conjectures et même les plus fortes probabilités.

Étymologie du mot Mathématiques.

On sait que les Mathématiques ont pour objet de mesurer ou de comparer les grandeurs ; par exemple, les nombres, les dis-

Objet et division des Mathématiques.

I.

I

tances, les vitesses, etc. Elles se divisent en mathématiques *pures*, et mathématiques *mixtes*, autrement appelées sciences *physico-mathématiques*.

Mathémati-
ques pures.

Les Mathématiques pures considèrent la grandeur sous un point de vue général, simple et abstrait; et par-là, elles ont la prérogative unique d'être fondées sur les notions élémentaires de la quantité. Cette première classe comprend, 1°. l'*Arithmétique*, ou l'art de compter; 2°. la *Géométrie*, qui apprend à mesurer l'étendue; 3°. l'*Analyse*, ou le calcul des grandeurs en général; 4°. la *Géométrie mixte*, combinaison de la Géométrie ordinaire et de l'Analyse.

Mathémati-
ques mixtes.

Les Mathématiques mixtes empruntent de la physique une ou plusieurs expériences incontestables, ou bien supposent dans les corps une qualité principale et nécessaire; ensuite, par des raisonnemens méthodiques et démonstratifs, elles tirent du principe établi des conclusions évidentes et certaines, comme celles que les Mathématiques pures tirent immédiatement des axiômes et des définitions. A cette seconde classe appartiennent, 1°. la *Mécanique*, ou la science de l'équilibre et du mouvement des corps solides; 2°. l'*Hydrodinamique*, qui considère l'équilibre et le mouvement des corps fluides; 3°. l'*Astronomie*,

ou la science du mouvement des corps célestes;
4°. l'*Optique*, ou la théorie des effets de la
lumière; 5°. enfin, l'*Acoustique*, ou la théorie
du son.

J'ai rangé ici les différentes parties des Mathématiques dans l'ordre qui me paraît le plus
propre à montrer d'un coup d'œil leur enchaînement réciproque, dans l'état où elles se
trouvent aujourd'hui; mais cet ordre n'est pas
tout à fait conforme à leur développement réel
et historique.

Il n'est pas possible de fixer, d'une manière
précise, l'origine des Mathématiques: on peut
seulement affirmer qu'elle remonte aux temps
les plus reculés. Lorsque les hommes, aban-
donnant la vie errante et sauvage, se réunirent
en sociétés, et que les lois ou des conventions
générales eurent réglé que chacun pourvoirait
à sa propre subsistance, sans pouvoir attenter
à la possession d'autrui, le besoin et l'intérêt,
ces deux grands mobiles de l'industrie, ne
tardèrent pas d'inventer les arts de première
nécessité. On bâtit des cabanes; on forgea le
fer; les limites des champs furent posées; on
observa le cours des astres; on vit que la terre
donnait d'elle-même, et dans tous les temps,
plusieurs fruits propres à la nourriture des
animaux; mais que, pour d'autres productions encore plus utiles et plus abondantes,

Incertitude de la première origine des Ma-thématiques.

1.

elle avait besoin d'être secondée par une cul-
ture subordonnée à l'ordre des saisons : de-là
les semailles et les récoltes. Toutes ces observations, toutes ces pratiques, quoique d'abord
très-informes et très-grossières, tenaient aux
Mathématiques par un lien secret, mais inconnu; elles n'eurent, pendant long-temps,
d'autre règle et d'autre guide que l'expérience
et une routine aveugle. L'assiduité que demandaient la chasse, la pêche et les travaux de la
campagne, ne permettait pas aux hommes de
s'élever à des idées générales et réfléchies; le
cercle de leurs besoins physiques bornait celui
de leurs pensées. Insensiblement, plusieurs
d'entre eux ayant acquis une espèce de super-
flu, ou par une supériorité d'industrie, ou par
l'abondance des récoltes, se livrèrent à l'oisiveté vers laquelle tous les animaux ont une
propension naturelle. Ils crurent trouver le
bonheur dans cet état de repos et de paresse;
illusion séduisante dont on est bientôt détrompé, mais à laquelle du moins on dut alors
les premiers élans de l'intelligence humaine.
Les langueurs de l'inaction, le tourment de
l'ennui qui y est attaché, et l'activité du principe pensant que nous portons au-dedans de
nous-mêmes, vinrent arracher l'homme à une
honteuse léthargie, et donnèrent l'impulsion
à cet esprit de curiosité et de recherche qui

nous agite sans cesse, et qui a, comme le
corps, le besoin impérieux d'être alimenté.
Alors l'homme vit, avec de nouveaux yeux,
le magnifique spectacle que la nature offrait de
tous côtés à ses sens et à son imagination; il
apprit à rapprocher et à comparer les objets.
Des idées puisées dans le monde physique en
furent, pour ainsi dire, détachées, et trans-
portées dans un monde intellectuel : il y eut
des orateurs, des poëtes, des peintres; on
étudia, avec une attention raisonnée, les phénomènes de la nature, et on voulut en connaître les causes. La Géométrie, bornée
d'abord à la mesure des champs, s'étendit à
de nouveaux usages, et se proposa des problèmes plus relevés, plus difficiles; l'Astronomie s'enrichit d'observations régulières et
de plusieurs instrumens propres à les multiplier, et à y mettre une exactitude, une liaison
nécessaires. On inventa des machines où une
adroite combinaison de roues et de leviers
était employée à soulever ou à transporter les
plus pesans fardeaux: en un mot, toutes les
parties des Mathématiques firent successivement des progrès. Ils auraient été plus rapides,
si le fanatisme et l'amour effréné de la domination, en ravageant la terre, n'eussent trop
souvent obscurci le flambeau du génie pendant de longues suites de siècles; mais,

comme un feu caché sous la cendre, il reprit son éclat dans les temps heureux, et l'édifice des sciences s'est élevé par degrés. Espérons que la postérité aura la noble ambition de poursuivre l'ouvrage, sans être découragée par la crainte de n'en pouvoir peut-être jamais poser le faîte.

Les Mathématiques ont pris naissance dans la Chaldée et dans l'Egypte.

L'opinion la plus générale et la mieux prouvée, est que les Mathématiques ont commencé à prendre un certain corps, presque en même temps, chez les premiers Chaldéens et les premiers Egyptiens; c'est-à-dire, chez les deux plus anciens peuples connus. Suivant une tradition constante, renouvelée de siècle en siècle, les bergers de Chaldée, au milieu de leurs paisibles fonctions, et placés sous le ciel le plus pur, jetèrent les fondemens de l'Astronomie. Si leurs observations trop imparfaites n'ont pu servir de base à aucune théorie, elles ont du moins donné quelques indications générales, et épargné quelques fausses tentatives aux premiers astronomes.

Les bergers de Chaldée jettent les fondemens de l'Astronomie.

Science des mages de l'Egypte.

Les mages ou prêtres de l'Egypte, appliqués, par les lois de leur institution, à étudier et à recueillir les secrets de la nature, étaient devenus les dépositaires et les dispensateurs de toutes les connaissances humaines. On venait de toutes parts les consulter et s'instruire dans leur commerce. Ils auraient mérité sans restriction le respect et la reconnaissance du monde, si, contens de l'éclairer, ils n'eussent pas aussi cherché à le tromper quelquefois, et à couvrir, sous des voiles sacrés, l'orgueilleuse ambition de le gouverner.

Les peuples, comme les hommes privés, cherchent à reculer leur origine et à enfler leurs commencemens. On accuse principalement les Chinois et les Indiens de cette manie patriotique. A les en croire, ils sont les premiers inventeurs de toutes les sciences et de tous les arts. Comme ils fondent en particulier leurs prétentions sur l'antiquité de l'Astronomie parmi eux, je me réserve d'examiner leurs titres lorsque je parlerai en détail des progrès de cette science.

Prétentions des Chinois et des Indiens dans les sciences.

Les anciennes Mathématiques ne nous sont connues que par les ouvrages des Grecs. Nous n'avons pas les documens nécessaires pour apprécier les instructions qu'ils avaient rapportées de leur commerce avec les mages. Quelques auteurs ont écrit que Thalès, dans un de ses voyages à Memphis, enseigna aux Egyptiens la manière de mesurer la hauteur des pyramides par l'étendue de leur ombre, proposition d'une géométrie assez élémentaire: si le fait était vrai, nous conclurions que les Egyptiens étaient peu versés dans cette science;

Les anciennes Mathématiques nous viennent des Grecs

mais il n'est pas vraisemblable, et le plus sage
parti est de ne rien prononcer, puisque tous
les monumens des sciences égyptiennes ont
péri avec la bibliothèque d'Alexandrie. Nous
devons seulement convenir que si les Egyptiens ont été les premiers maîtres des Grecs,
ils ont été bientôt surpassés par leurs disciples.
Aussitôt que les Mathématiques commencent
à prendre racine dans la Grèce, on les voit
marcher d'un pas rapide et ferme, et s'enrichir
successivement d'une foule d'importantes découvertes, où la liaison réciproque des principes et des conséquences marque l'unité et la
suite d'un même plan. Les Grecs deviennent,
pour ainsi dire, les précepteurs de toutes les
autres nations : seuls ils ont eu la gloire d'ex-
celler dans tous les genres, art militaire, poésie, éloquence, peinture, sciences exactes, etc.
La plus grande partie des hommes illustres
rassemblés au musée d'Alexandrie *, c'est-à-
dire au centre des arts et des sciences, étaient
Grecs d'origine. Toute cette grandeur eut le
sort des choses humaines; elle s'éclipsa par
degrés.

---

* Le musée d'Alexandrie fut fondé par Ptolomée
Philadelphe, roi d'Egypte, environ l'an 320 avant l'ère
chrétienne; les Mathématiques y ont fleuri pendant
près de mille ans.

Déjà la jalousie qui régnait entre les différens états dont la Grèce était composée, avait allumé dans son sein plusieurs guerres sanglantes, fatales à sa constitution politique. Tant que la nation entière eut des mœurs, tant qu'elle se tint invariablement attachée aux principes de la justice et de la modération, elle triompha de ses ennemis extérieurs. Des peuples éloignés venaient étudier ses lois et ses institutions. Affaiblie par ses divisions intestines, elle subit enfin le joug que les Romains imposaient à toute la terre; mais en cédant à la puissance des armes, elle a conservé en grande partie l'empire du génie aux yeux de la postérité. Si Virgile et Cicéron ont égalé Homère et Desmothènes; si Tite-Live, Salluste et Tacite ont surpassé Hérodote, Thucidide et Xénophon; il reste deux vastes pays, les beaux-arts et les sciences exactes, où les anciens Grecs sont demeurés absolument les maîtres. L'ambition des Romains, toujours active, toujours renaissante, fut d'étendre leur domination au dehors: dans l'intérieur, les rivalités éternelles qui divisaient le sénat et les tribuns du peuple, depuis la chute des rois jusqu'à celle de la république, aiguisèrent les esprits, et firent naître une foule de grands orateurs, et ensuite de grands poëtes. La peinture, la sculpture et l'architecture n'eurent pas, à beaucoup près, le même succès à Rome. Nous devons cependant ajouter que l'ouvrage de Vitruve, sur l'architecture, écrit au temps d'Auguste, est un monument précieux de diverses connaissances relatives à cet art. Quant aux sciences exactes, qui demandent le recueillement, le silence et de profondes méditations, les Romains n'y ont jamais passé la médiocrité. Inutiles pour arriver aux grandes places du gouvernement, elles formaient l'occupation d'un petit nombre d'hommes obscurs, loin du tourbillon des affaires publiques. Les mathématiciens romains n'ont été, pour ainsi dire, que les traducteurs ou les commentateurs d'Archimède, d'Apollonius, etc. On remarque seulement, parmi eux, quelques savans astronomes, sous Auguste et ses premiers successeurs. Dans la suite, tout alla en déclinant.

Médiocrité des Romains dans les Mathématiques.

A la mort de Théodose, le partage de l'Empire entre ses deux fils Honorius et Arcadius, ayant énervé ce grand corps, la partie occidentale, long-temps ravagée, démembrée et enfin envahie par les barbares, tomba dans la plus profonde ignorance; les écoles de l'empire d'Orient n'étaient occupées que de misérables disputes théologiques. Les sciences exactes s'étaient presque entièrement réfugiées au musée d'Alexandrie : dénuées d'appui et d'encouragement, elles ne pouvaient manquer de dégénérer. Néanmoins , elles conservaient toujours, au moins par tradition ou imitation, ce caractère antique et sévère que les Grecs leur avaient imprimé.

Bientôt cet asile leur est enlevé. Vers le milieu du septième siècle de l'ère chrétienne, les Arabes, conduits par les premiers successeurs de Mahomet , portent dans tout l'Orient le carnage et la dévastation; le musée d'Alexandrie est détruit; les savans et les artistes périssent ou sont dispersés.

Cependant, quoique cette funeste catastrophe eût rompu la chaîne des découvertes mathématiques , il en resta quelques anneaux que ce même peuple destructeur , adouci par les charmes de la paix et de l'oisiveté, s'empressa de rassembler et de renouer. En moins de cent ans, on vit les Arabes cultiver l'Astronomie, dont ils avaient eu autrefois des notions générales. Ce goût particulier s'étendit par degrés à toutes les branches des connaissances humaines. Les Mathématiques fleurirent, pendant l'espace de sept cents ans, dans tous les pays soumis à la domination des Arabes, et ensuite des Persans, quand ces deux peuples furent réunis. Elles furent portées en Espagne par les Maures; il en pénétra des rayons dans l'Allemagne.

Les conquêtes des Turcs ramènent l'igno-

Destruction du musée d'Alexandrie.

Sciences chez les Arab.

Chute des Mathémat. en Orient.

rance et la barbarie dans les belles contrées que les Arabes habitaient. A la prise de Constantinople par Mahomet II, il s'élève contre les savans et les artistes une persécution qui en fait périr une grande partie; quelques-uns prennent la fuite, et apportent avec eux les débris des Mathématiques en Italie, en France, en Allemagne et en Angleterre. Le goût des lettres et des arts avait déjà commencé à prendre racine dans ces pays, principalement en Italie.

Mathématiques chez les peuples orientaux.

Dès ce moment tout change; l'esprit humain se régénère dans toutes les parties. L'Algèbre, la Géométrie, l'Astronomie, marchent d'un pas rapide; et enfin arrive la grande découverte de l'analyse infinitésimale dans les trente dernières années du dix-septième siècle.

An. 1682.

C'est ici que s'ouvre dans les sciences exactes un nouvel ordre de choses qu'on n'avait pas osé espérer. L'analyse infinitésimale nous a mis en possession d'une infinité de problèmes inaccessibles à toutes les méthodes des Archimèdes, des Apollonius, etc. N'oublions pas cependant que ces grands hommes ont été nos premiers maîtres; ne croyons pas que les Européens aient surpassé les Grecs en génie: contentons-nous de dire que, par une suite de la progression naturelle des connaissances, ils les surpassent en savoir. Dans les arts d'imagination, tels que la poésie, l'éloquence, la peinture, etc., la perfection est l'effort du génie, non du temps ; et sous ce point de vue, la seule gloire à laquelle les modernes puissent prétendre est d'avoir égalé les anciens. Mais dans les sciences, les découvertes des âges s'ajoutent les unes aux autres ; elles se répandent par la voie des manuscrits ou de l'impression ; et enfin il se forme chez les peuples studieux une masse générale de lumières, à peu près semblable à celle qu'acquerrait un seul homme qui vivrait plusieurs siècles. Si Archimède revenait au monde, il serait obligé d'étudier long-temps pour se mettre de niveau avec Newton, quoiqu'il soit peut-être très-difficile de décider lequel des deux a surpassé l'autre en génie.

Les Chinois et les Indiens n'ont point participé à ce grand mouvement qui s'est fait dans les sciences, et ils ne peuvent à cet égard entrer en parallèle avec les Européens.

Les Mathématiques demeurent à peu près les mêmes chez les Chinois et chez les Indiens.

Il paraît que les Américains n'ont jamais eu de notions distinctes des Mathématiques. Avant leur communication avec les Européens, ils ne connaissaient que les arts mécaniques les plus nécessaires aux besoins de la vie ; l'esprit de ce peuple n'a jamais été porté à la réflexion.

Les Américains n'ont pas connu les Mathématiques.

Mon dessein est de tracer ici un précis historique des Mathématiques depuis leur origine

Dessein de cet Essai.

jusqu'à nos jours, et en même temps d'honorer la mémoire des grands hommes qui en ont étendu l'empire. Je ne me livrerai point à des discussions systématiques, fondées souvent sur des bases très-incertaines; j'éviterai la forme et l'appareil des démonstrations géométriques, écrivant principalement pour les lecteurs, qui joignent au goût général de l'érudition la curiosité véritable et soutenue de connaître la marche de l'esprit humain dans le plus noble exercice de ses facultés. Quelquefois néanmoins j'expliquerai les méthodes avec assez de détail pour que les Mathématiciens de profession trouvent eux-mêmes les démonstrations des résultats auxquels je dois me borner. S'il ne m'est pas possible de les satisfaire entièrement, je leur indiquerai du moins les sources où ils pourront puiser une plus ample instruction.

Distinction de quatre périodes dans les Mathémat.
Je remarque quatre âges dans l'histoire des Mathématiques. Le premier offre d'abord les faibles lueurs de leur origine, ensuite leur accroissement rapide chez les Grecs, et enfin leur état languissant jusqu'à la destruction de l'école d'Alexandrie: dans le second âge, elles sont ranimées et cultivées par les Arabes, qui les font passer avec eux dans quelques contrées de l'Europe; cet âge dure à peu près jusque vers la fin du quinzième siècle. Quelque

temps après, elles se répandent et font des progrès rapides chez tous les peuples un peu considérables de l'Europe : troisième période qui nous mène jusqu'à la découverte de l'analyse infinitésimale. Là commence la quatrième et dernière période. Ces quatre périodes vont faire la division générale de cet essai.

Il semble au premier coup d'œil que pour la netteté du discours, je devrais parcourir successivement, et sans interruption, chaque partie des Mathématiques ; mais cette méthode, appliquée indistinctement à toutes les parties et à tous les âges, est sujette à quelques inconvéniens. Les différentes branches des Mathématiques ne se sont formées et développées que par gradation, et souvent les unes à l'occasion des autres : il y a telle proposition de mécanique qui a donné la naissance à une théorie complète de géométrie : alors il serait impossible de rendre compte de la première sans expliquer la seconde, et sans se jeter par-là dans des détails souvent prolixes et étrangers à l'objet actuel et principal. D'ailleurs, on trouverait quelquefois un vide désagréable dans le tableau général, ou une disproportion trop marquée dans les parties ; car toutes les sciences n'ont pas marché d'un pas égal ; les unes paraissent quelquefois stationnaires, pendant que les autres avancent rapidement. Ces observations sont surtout vraies à l'égard du second et du quatrième âge des Mathématiques; on en verra de fréquentes preuves, quand il s'agira de l'application de l'analyse infinitésimale à la mécanique et à l'astronomie. Le premier âge est celui où la filiation des connaissances est la plus uniforme, la plus distincte; on y peut détacher les unes des autres les parties des Mathématiques. J'ai profité de cet avantage autant qu'il m'a été possible; mais dans les périodes suivantes, je n'ai pu entièrement suivre le même ordre. Je prie le lecteur de se prêter à un plan qui me paraît forcé par la nature du sujet.

Il est inutile de faire une autre observation qui se présentera assez d'elle-même : on verra que, souvent, les monumens historiques nécessaires pour former une narration suivie et complète, sont très-informes ou très-défectueux; d'un autre côté, l'austérité de la matière repousse les ornemens et les fictions. Je ne puis donc espérer de l'attention, dans ces endroits stériles, que de la part des lecteurs qui trouvent des pierres précieuses jusque dans les ruines de l'édifice des sciences.

PREMIÈRE

PREMIÈRE PÉRIODE.

ÉTAT

DES MATHÉMATIQUES,

depuis leur origine jusqu'à la destruction
de l'École d'Alexandrie.

CHAPITRE PREMIER.

Origine et progrès de l'Arithmétique.

Il n'y a point d'idée plus simple et plus
facile à concevoir que celle de *nombre* ou de
multitude. Aussitôt que l'intelligence d'un
enfant commence à se développer, il peut
compter ses doigts, les arbres qui l'environ-
nent, et les autres objets placés sous ses yeux.
Ces premières opérations se firent d'abord
sans ordre, sans méthode, et avec le seul
secours de la mémoire ; bientôt on trouva des
moyens pour les étendre, et pour les soumettre à une espèce de forme régulière.

I.   2

Quelques divers que fussent les objets à compter, comme on y procédait toujours de la même manière, on vit facilement qu'on pouvait faire abstraction de leur nature, et on imagina de les représenter par des symboles généraux, qui prenaient ensuite des valeurs particulières et propres à chaque question qu'il fallait résoudre. On employait, par exemple, à cet effet, des petites boules attachées ensemble comme les grains d'un chapelet, ou comme les nœuds d'une corde; chaque boule désignait une brebis, un arbre, et la collection des boules tout le troupeau, ou tous les arbres.

L'invention de l'écriture fit faire un nouveau pas à l'art de la numération. Sur une table couverte de poussière, on traçait des caractères choisis arbitrairement pour exprimer les nombres, et par-là on pouvait exécuter des calculs d'une certaine étendue.

Toutes les nations, si on excepte les anciens Chinois et une peuplade obscure dont Aristote fait mention, ont distribué les nombres en périodes, composées chacune de dix unités. Cet usage ne peut guère s'attribuer qu'à celui où l'on est dans l'enfance de compter par ses doigts, qui sont au nombre de dix, sauf quelques exceptions très-rares. Les anciens se sont également accordés à représenter les nombres par les lettres de leur alphabet ; on distinguait les différentes périodes de dixaines par des accens, dont on affectait les lettres numérales comme chez les Grecs, ou par différentes combinaisons des lettres numérales comme chez les Romains. Toutes ces notations, et principalement celle des Romains, étaient fort compliquées et fort embarrassantes quand il s'agissait d'exécuter des calculs un peu considérables.

Strabon, qui vivait sous Auguste, raconte dans sa *géographie*, qu'on attribuait de son temps l'invention de l'arithmétique, comme celle de l'écriture, aux Phéniciens. Cette opinion a pu en effet trouver d'autant plus de facilité à s'établir, que les Phéniciens ayant été les plus anciens commerçans de la terre, ont dû naturellement perfectionner une science dont ils faisaient un usage continuel ; mais les principes de l'arithmétique étaient connus des Egyptiens et des Chaldéens bien long-temps avant qu'il fût question des Phéniciens, qui, vraisemblablement, les apprirent des Égyptiens leurs voisins.

Les Mathématiques avaient déjà jeté des racines dans la Grèce, lorsque Thalès parut ; mais le mouvement qu'il leur imprima est

An. av. J.C.
640.

2.

l'époque d'où l'on commence à compter leurs véritables progrès. On ignore si ce philosophe a fait quelques découvertes particulières dans l'arithmétique : son goût le porta principalement à l'étude de la géométrie, de la physique et de l'astronomie. Il voyagea long-temps dans l'Egypte et dans l'Inde. Enrichi des connaissances qu'il avait acquises dans les pays étrangers, et qu'il augmenta par ses propres méditations, il revint fonder à Milet, lieu de sa naissance, la célèbre école ionienne, laquelle se partagea en plusieurs branches ou sectes qui embrassaient toutes les parties de la philosophie, et qui se répandirent dans plusieurs villes de la Grèce.

An. av. J.C.
590.
Quelque temps après, Pythagore de Samos, s'illustra par son savoir immense, et par la singularité de ses opinions philosophiques. Jamais homme n'a plus recherché la gloire, ne l'a plus méritée, et ne s'est élevé à une plus haute réputation. Il eut toute l'ambition des conquérans; jaloux d'étendre l'empire des sciences, et non content d'avoir instruit ses compatriotes, il alla fonder, en Italie, une école, qui acquit en peu de temps une telle célébrité, qu'il comptait des princes et des législateurs parmi ses disciples. Presque toutes les parties des Mathématiques lui ont d'impor-

tantes obligations, comme on le remarquera successivement.

Les combinaisons des nombres furent un des principaux objets de ses recherches ; toute l'antiquité atteste qu'il les avait portées au plus haut degré. Il enveloppait sa philosophie d'emblèmes qui, déjà abstraits par eux-mêmes, s'obscurcirent encore par la succession des temps, et donnèrent lieu de lui attribuer des systèmes bizarres, qu'on a de la peine à regarder comme les productions d'un aussi grand génie. Selon quelques auteurs, Pythagore est à la tête des inventeurs de l'ancienne cabale : il attachait plusieurs vertus mystérieuses aux nombres ; il ne jurait que par le nombre *quatre*, qui était pour lui le nombre par excellence, le nombre des nombres. Il trouvait aussi dans le nombre *trois* plusieurs propriétés merveilleuses : il disait qu'un homme parfaitement instruit dans l'arithmétique posséderait le souverain bonheur, etc. Mais quand on lui aurait entendu avancer de telles propositions, faudrait-il les prendre strictement dans le sens littéral ? N'est-il pas plus vraisemblable, ou qu'on a mal rapporté ses paroles, ou qu'elles renfermaient des allégories dont le sens est demeuré inconnu ? Cette conjecture paraît d'autant mieux fondée, que, selon d'autres

auteurs, Pythagore n'ayant jamais rien écrit
sur les différens objets de la philosophie, sa
doctrine se conserva, pendant long-temps,
seulement dans sa famille et parmi ses disciples ; mais que, dans la suite, Platon et d'autres philosophes, d'après une tradition vague
et confuse, la développèrent et la corrom-
pirent. Je n'insisterai pas sur cette ténébreuse
question, qui ne présente d'ailleurs aujour-
d'hui aucun intérêt. De toutes les découvertes
arithmétiques de Pythagore, vraies ou supposées, le temps n'a respecté que sa table de
multiplication ; mais le goût qu'il avait répandu dans son école pour les recherches et
les propriétés des nombres, donna la naissance à quelques théories très-ingénieuses :
telle est, par exemple, celle des nombres figurés, qui s'est développée par degrés, et dont
on a f. t dans la suite plusieurs applications
utiles.

Il n'est pas possible de suivre pas à pas,
dans la nuit des temps, les progrès de l'arithmétique chez les anciens. On juge seulement,
par les ouvrages qui nous restent d'eux, qu'elle
a dû marcher rapidement, comme étant la clef
et la première de toutes les sciences. Outre
l'addition, la soustraction, la multiplication
et la division, qui en forment l'objet principal,

les anciens possédaient les méthodes pour extraire les racines quarrée et cube; ils connaissaient la théorie des proportions et des progressions arithmétiques et géométriques. En général, les combinaisons des nombres et la réduction des rapports aux plus simples formes dont ils sont susceptibles, leur devinrent familières: par exemple, le fameux *crible* d'Eratosthène, bibliothécaire du musée d'Alexandrie, présente un moyen facile et commode de trouver les nombres *premiers*, dont la recherche est curieuse en elle-même, indépendamment de son utilité dans la théorie des fractions.

An av. J.C. 280.

On sait que, par les nombres premiers, on entend ceux qui n'ont point d'autres diviseurs qu'eux-mêmes et l'unité. Le nombre *deux* est, dans la suite des nombres pairs, le seul nombre premier. Il faut donc chercher tous les autres dans la suite des nombres impairs. Dans cette vue, Eratosthène écrit sur une mince planche, ou sur une feuille de papier bien tendue, la suite des nombres impairs; ensuite il fait sous ces nombres pris de trois en trois, de cinq en cinq, de sept en sept, etc., des trous à la planche ou à la feuille de papier: ce qui forme une espèce de crible, par les trous duquel il suppose que tombent les nombres correspondans ; et alors les nombres restans sont des nombres premiers *.

Environ vers l'an 350 de l'ère chrétienne.

Diophante, l'un des plus célèbres mathématiciens de l'école d'Alexandrie, fit faire un pas remarquable à l'arithmétique ; il inventa l'analyse indéterminée, dont on a fait tant d'applications curieuses ou utiles, soit dans l'arithmétique pure, soit dans l'algèbre et dans la géométrie transcendante.

Lorsqu'un problème, traduit en langage arithmétique ou analytique, conduit à une équation qui ne contient qu'une seule inconnue, il s'appelle *problème déterminé* ; et les racines de l'équation donnent toutes les solutions qu'elle comporte. Ces sortes de problèmes n'ont, en dernier ressort, d'autres difficultés que celles qui tiennent à la résolution des équations. Mais si un problème contient plus d'inconnues que de conditions à exprimer, il est *indéterminé*, et alors on ne peut parvenir à trouver toutes les inconnues, qu'en donnant à quelques-unes d'entr'elles des valeurs déterminées, prises arbitrairement, ou assujetties à des restrictions particulières ; ce qui fait

---

* Qu'on me permette de renvoyer, pour l'explication et l'abrégé d'une semblable méthode, à mon *Traité d'Arithmétique.*

deux cas très-distincts. Dans le premier, c'est-
à-dire, lorsque les valeurs sont prises arbitrairement, la solution est facile, et ne demande
d'autre précaution que d'éviter les valeurs qui
meneraient à des résultats absurdes ; mais dans
le second, le choix de quelques inconnues
forme lui-même un problème indéterminé qui
ne peut être résolu que par un art particulier.
C'est dans cet art que Diophante montre une
sagacité vraiment originale. Qu'on propose,
par exemple, les questions suivantes : *Par-
tager un nombre quarré en deux autres
nombres quarrés ; trouver deux nombres
dont la somme soit en raison donnée avec
la somme de leurs quarrés ; former deux
nombres quarrés dont la différence soit un
quarré*, rien n'est plus facile à résoudre que
ces questions, si l'on permet d'employer des
nombres quelconques ; mais si l'on impose la
condition que les nombres cherchés seront ra-
tionnels, si l'on veut aussi exclure les nombres
fractionnaires : alors la solution demande de
l'adresse. Diophante a trouvé la manière de
soumettre toutes les questions de cette nature
à des règles certaines et exemptes de toute
espèce de tâtonnement. Ses méthodes ont un
rapport évident avec celles que nous em-
ployons aujourd'hui pour résoudre les équa-

tions des deux premiers degrés, et de-là quelques auteurs ont pris occasion de lui attribuer l'invention de l'algèbre. Il avait écrit treize livres d'arithmétique : les six premiers sont arrivés jusqu'à nous ; tous les autres sont perdus, si, néanmoins, un septième, qu'on trouve dans quelques éditions de Diophante, n'est pas de lui. Ce septième livre contient de savantes recherches sur les propriétés des nombres figurés.

L'auteur a eu, parmi les anciens, une foule d'interprètes dont les ouvrages sont la plupart perdus. Nous regrettons dans ce nombre le commentaire de la célèbre Hipathia. Les talens, les vertus et les malheurs de cette illustre victime du fanatisme, ont droit aux hommages de la postérité, et nous ne pouvons nous dispenser de lui payer ce tribut.

An de J. C.
410.

Le philosophe Théon, son père, avait pris un tel soin de l'instruire, et elle fit en peu de temps de si grands progrès, qu'elle fut choisie très-jeune encore pour enseigner les Mathématiques dans l'école d'Alexandrie. Tous les historiens s'accordent à dire qu'aux grâces de la figure, Hipathia joignait une rare modestie, des mœurs pures et une prudence consommée. Ces avantages lui donnèrent une grande considération à Alexandrie, et surtout auprès d'Oreste, gouverneur de cette ville. De misérables disputes de théologie ayant excité une cruelle dissention entre Oreste et *saint* Cyrille, les moines de la faction de *saint* Cyrille excitèrent le peuple à massacrer Hipathia, en la représentant comme l'auteur des troubles, par les conseils qu'elle donnait au gouverneur. *Cette action*, dit l'historien Socrate, *attira un grand reproche à Cyrille et à l'église d'Alexandrie ; car ces violences sont tout à fait éloignées du christianisme.* Fleury, homme juste et modéré, mais peut-être trop attaché aux dogmes d'une religion intolérante, ne peint pas avec assez d'énergie toute l'horreur que ce crime abominable devait lui inspirer.

Hist. ecclés. tom. V, in-12, p. 414.

CHAPITRE II.

Origine et progrès de la Géométrie.

On donne différentes origines plus ou moins anciennes à la Géométrie. La plupart des auteurs la font naître en Egypte. Tel est, par exemple, Hérodote, le premier qui ait commencé à écrire l'histoire en prose; car, dans la plus haute antiquité, la mémoire des principaux événemens passés ne se conservait, tronquée et affaiblie, que dans quelques chansons d'une poésie grossière; ensuite elle prit place et se confondit avec les fictions, dans les poëmes d'Hésiode et d'Homère, où tout était sacrifié à l'embellissement du sujet. Ecoutons le récit que fait Hérodote de ce qu'il avait appris lui-même à Thèbes et à Memphis, sur la question dont il s'agit.

« On m'assura, dit-il, que Sésostris avait » partagé l'Egypte entre tous ses sujets, et » qu'il avait donné à chacun une égale por- » tion de terre en quarré, à la charge de payer » par an un tribut proportionné. Si la portion » de quelqu'un était diminuée par la rivière,

An av. J. C. 4...

Hérod. liv. II.

» il allait trouver le roi, et lui exposait ce qui
» était arrivé dans sa terre. Alors le roi en-
» voyait sur les lieux et faisait mesurer l'héri-
» tage, afin de savoir de combien il était
» diminué, et de ne faire payer de tribut que
» selon ce qui était resté de terre. Je crois,
» ajoute Hérodote, que ce fut là que la Géo-
» métrie prit naissance, et qu'elle passa chez
» les Grecs. »

Il y a, comme on voit, dans ce passage
deux objets distincts; le récit d'une vérifica-
tion dépendante de la Géométrie, et l'opinion
particulière d'Hérodote sur l'origine de cette
science. Si, comme le supposent plusieurs
chronologistes, Sésostris est le même que le
roi Sésac, qui fit la guerre à Roboam, fils de
Salomon, il résulterait de l'opinion d'Hérodote que la naissance de la Géométrie n'a précédé l'ère chrétienne que d'environ mille ans ;
mais elle peut remonter beaucoup plus haut,
car la mesure des champs, ordonnée par Sésostris, non-seulement ne fixe pas, d'une manière précise, l'origine de la Géométrie, mais
elle semble même indiquer que cette science
avait déjà fait quelques progrès.

Si on voulait se livrer à des conjectures frivoles, on ferait remonter l'origine de la Géométrie jusqu'à l'invention de la règle, du

compas et de l'équerre, puisqu'elle fait le plus
grand usage de ces instrumens dans la pratique ; mais cette même raison d'utilité doit
faire penser qu'ils ont été trouvés dès l'origine des sociétés, par le simple besoin, et
sans le secours d'aucune théorie, lorsqu'on
voulut construire des cabanes ou des maisons.
En nous bornant à commencer cet abrégé
historique de la Géométrie au temps où elle
prend, du moins pour nous, le caractère d'une
véritable science, nous nous transportons tout
de suite dans la Grèce, au siècle de Thalès.

An av. J. C.
640.

Soit que ce philosophe ait appris des Égyptiens, ou qu'il leur ait lui-même enseigné la
méthode de mesurer la hauteur des pyramides
de Memphis par l'étendue de leurs ombres,
on voit qu'il était versé dans la théorie et la
pratique de la Géométrie. Tous les anciens
auteurs nous le représentent en effet comme
un géomètre fort savant ; on lui attribue le
premier usage de la circonférence du cercle
pour la mesure des angles. Sans doute, il avait
fait plusieurs autres découvertes géométriques, aujourd'hui perdues ou confondues
parmi celles qui ont été recueillies et trans-
mises à la postérité par les auteurs élémentaires. Il réunissait un très-grand nombre de
connaissances dans toutes les parties des

Mathématiques et de la Physique, comme nous l'avons déjà remarqué. Nous le verrons reparaître avec éclat dans l'Astronomie.

Le nom de Pythagore est immortel dans les annales de la Géométrie, par la découverte qu'il fit de l'égalité du quarré de l'hypothénuse, dans le triangle rectangle, avec la somme des quarrés des deux autres côtés. Quelques auteurs racontent, que transporté de joie et de reconnaissance envers les dieux de l'avoir si bien inspiré, il leur sacrifia cent bœufs; mais on a de la peine à concilier cette hécatombe avec la fortune bornée du philosophe, et plus même avec ses opinions religieuses sur la transmigration des âmes. Quoi qu'il en soit, jamais enthousiasme ne fut mieux fondé. La proposition de Pythagore tient un premier rang parmi les vérités géométriques, tant par la singularité du résultat, que par la multitude et l'importance de ses applications dans toutes les parties des Mathématiques. L'auteur en tira d'abord lui-même cette conséquence, que la diagonale du quarré est incommensurable avec le côté : elle fit également découvrir plusieurs propriétés générales des lignes ou des nombres incommensurables.

Dans cette longue chaîne de philosophes grecs, qui s'étend depuis Thalès et Pythagore

An av. J. C. 580.

jusqu'à la destruction de l'école d'Alexandrie, il n'y en a presque aucun qui n'ait cultivé les Mathématiques. L'Astronomie est, en général, la science qui les a le plus occupés; mais les plus célèbres d'entr'eux se sont appliqués à la Géométrie, comme à la science principale, sans laquelle toutes les autres demeureraient sans vie et sans mouvement. Les propositions qui forment le corps de ce que nous appelons aujourd'hui la *Géométrie élémentaire*, sont, presque toutes, de l'invention des philosophes grecs.

An av. J. C.
480

Un des plus anciens de ces géomètres qu'on cite après Thalès et Pythagore, est Œnopide de Chio, auteur de quelques problèmes fort simples, comme d'abaisser d'un point donné une perpendiculaire sur une ligne, de faire un angle égal à un autre, de diviser un angle en deux parties égales, etc. Zenodore, son contemporain, et le premier des anciens dont il nous reste un écrit géométrique, conservé par Théon, dans son commentaire sur Ptolomée, s'éleva plus haut : il fit voir la fausseté du préjugé où l'on était alors, que les figures de contours égaux devaient avoir des surfaces égales. Cette démonstration n'était pas facile à trouver, et elle prouve que la Géométrie faisait dès lors des progrès marqués.

L'ingénieuse théorie des corps réguliers prit naissance, vers le même temps, dans l'école pythagoricienne.

Hippocrate de Chio se distingua par la quadrature des fameuses *lunules* du cercle, qui portent son nom. Ayant décrit sur les trois côtés d'un triangle rectangle isocèle, comme diamètres, trois demi-cercles placés dans le même sens, il observa que la somme des deux lunules égales, comprises entre les deux quarts de circonférence, correspondans à l'hypothénuse, et les demi-circonférences correspondantes aux deux autres côtés du triangle, était égale en surface à ce triangle : premier exemple d'un espace curviligne égal à un espace rectiligne, renouvelé pour d'autres quadratures plus recherchées et plus difficiles, à mesure que la Géométrie s'est perfectionnée.

Les connaissances d'Hippocrate de Chio en géométrie étaient fort étendues. Il avait écrit des élémens de géométrie estimés dans son temps, mais que d'autres ouvrages du même genre, et en particulier ceux d'Euclide, ont fait perdre et oublier. Il parut avec honneur dans la lice des géomètres qui tentèrent de résoudre le fameux problème de la duplication du cube, dont on commença dès lors à s'occuper avec ardeur.

An av. J. C. 450.

I.   3

Problème de
la duplication
du cube.

On sait que ce problème avait pour objet
de construire un cube double d'un cube donné,
non pas en côté, ce qui ne pouvait pas faire
une question ; ni même en surface, ce qui étoit
déjà facile par la Géométrie de ce temps-là ;
mais en solidité, ou en poids en supposant que
les deux cubes fussent faits avec une même
matière homogène. Il fallait le résoudre sans
employer d'autres instrumens que la règle et
le compas ; car, dans l'ancienne géométrie, on
ne regardait comme *géométriques* que les
opérations exécutées avec ces deux instrumens :
celles qui en demandaient d'autres étaient
appelées *mécaniques*.

Suivant une ancienne tradition répandue
dans la Grèce, un malheur public, où la religion était intéressée, donna naissance à cette
recherche. On disait qu'Apollon, pour se
venger d'une offense qu'il avait reçue des Athéniens, ayant suscité parmi eux une horrible
peste, l'oracle du temple de Délos, consulté
sur les moyens d'appaiser sa colère, répondit :
Doublez l'autel. L'oracle désignait ainsi un
autel de forme exactement cubique, qu'Apollon avait dans Athènes. Aussitôt le problème
est proposé à tous les géomètres de la Grèce.
Les prêtres, qui ne s'oublient jamais, y ajoutaient une condition qu'ils présentaient comme

un devoir religieux, mais qui, heureusement,
n'en augmentait pas les difficultés géométriques : ils demandaient que la matière du nouvel autel fût de l'or. La question parut d'abord
facile ; mais on fut bientôt détrompé, et toute
la sagacité des géomètres grecs vint se briser
contre cet écueil.

En tournant le problème sur toutes les faces,
on s'aperçut, et cette découverte est attribuée
à Hippocrate de Chio, que si l'on pouvait insé-
rer deux lignes moyennes proportionnelles
géométriques entre le côté du cube donné et
le double de ce côté, la première de ces deux
lignes serait le côté du cube cherché. Ce nouveau point de vue fit renaître un moment l'espérance d'achever la solution par la règle et
le compas ; mais la difficulté n'était que dégui-
sée ; elle n'avait fait que changer de forme :
on ne put donc la surmonter, et les géomètres,
déjà un peu fatigués des tourmens que ce problème leur avait causés, le laissèrent dormir
pendant quelque temps.

Cependant la Géométrie cheminait toujours.
Platon la cultiva avec soin, et s'y rendit très-
profond. Nous n'avons, à la vérité, aucun ouvrage exprès de lui sur cette science ; mais on
voit, par divers traits répandus dans ses autres
écrits, qu'il la possédait, et les anciens histo-

An av. J. C.
390.

riens nous ont transmis les résultats de plusieurs découvertes dont il l'a enrichie. Il la mettait au premier rang des connaissances humaines, et il en faisait le principal objet des instructions qu'il donnait à ses disciples : il avait écrit sur la porte de son école : *que nul n'entre ici s'il n'est géomètre.* Le problème de la duplication du cube ne pouvait manquer d'attirer son attention. Ayant tenté vainement de le résoudre avec la règle et le compas, il inventa, pour trouver les deux moyennes proportionnelles, un instrument composé de deux règles, dont l'une s'éloigne parallèlement de l'autre, en coulant entre les rainures de deux montans perpendiculaires à la première ; mais cette solution était du genre mécanique : elle ne satisfaisait pas au vœu de géomètres.

Il fut plus heureux dans une autre spéculation d'une espèce absolument nouvelle. Avant lui, le cercle était la seule courbe que la Géométrie considérait : il y introduisit la théorie des sections coniques, ou de ces fameuses courbes qui se forment sur la surface d'un cône coupé et différens sens par des plans. En examinant attentivement la génération de ces courbes, il en découvrit plusieurs propriétés. Ces premières notions, répandues dans son

école, y germèrent avec rapidité. Ses principaux disciples ou amis, Aristée, Eudoxe,
Ménechme, Dinostrate, etc. pénétrèrent très-
avant dans cette branche de la Géométrie.
Bientôt elle s'étendit au point de former une
classe à part, d'un ordre plus relevé que la
Géométrie ordinaire ; on l'appela en conséquence la *Géométrie transcendante :* on com-
prit dans la suite, sous la même dénomination, quelques autres courbes anciennes, que
j'aurai occasion de faire connaître.

Aristée avait composé, sur les sections
coniques, cinq livres, dont les anciens ont
parlé avec les plus grands éloges; malheureusement ils ne sont pas arrivés jusqu'à nous. Il
nous reste de Ménechme deux savantes applications de la même théorie au problème de
la duplication du cube. Les propriétés des sections coniques et celles des progressions géométriques, lui firent remarquer qu'en cons-
truisant, d'après les conditions du problème,
deux sections coniques qui se coupassent, les
deux ordonnées correspondantes au point
d'intersection pourraient représenter les deux
moyennes proportionnelles. De-là il parvint à
deux solutions : dans la première, Ménechme
construit deux paraboles qui ont un sommet
commun, leurs axes perpendiculaires entr'eux,

Arist. J C,
580.

Ménechme
applique la
théorie des sec-
tions coniques
au problème
de la duplica-
tion du cube.

et pour paramètres respectifs le côté du cube donné, et le double de ce côté : alors, les deux ordonnées tirées au point d'intersection des deux courbes, sont les deux moyennes proportionnelles cherchées. La seconde solution procède par l'intersection d'une parabole et d'une hyperbole équilatère entre ses asymptotes : la parabole a pour paramètre le côté du cube donné, ou le double de ce côté; son sommet est le centre, et son axe est l'une des asymptotes de l'hyperbole équilatère; la puissance de l'hyperbole est le produit du côté du cube donné, par le double de ce côté. Enfin, les ordonnées des deux courbes, menées au point d'intersection, sont les deux moyennes proportionnelles demandées. Les lecteurs un peu versés dans la Géométrie trouveront sans peine les démonstrations de ces théorèmes.

On voit par là que si l'on possédait le moyen de décrire les sections coniques d'un mouvement continu, et d'une manière aussi simple qu'on trace le cercle avec le compas, les solutions de Ménechme auraient tout l'avantage des constructions géométriques, dans le sens que les anciens attachaient à ce mot; mais il n'existe aucun instrument pour décrire ainsi les sections coniques. Ces solutions ne remplissent donc pas, dans la pratique, l'objet désiré;

mais elles sont parfaites dans la théorie, et doivent être regardées comme un effort de génie et d'invention. On a trouvé dans la suite qu'on pouvait arriver au même but par l'intersection d'un cercle et d'une parabole ; simplification facile du problème, qui n'ôte rien à la gloire de Ménechme.

Cette découverte est d'autant plus remarquable, qu'elle a été la source de la célèbre théorie des *lieux géométriques*, dont les géomètres anciens et modernes ont fait tant d'importantes applications. Ajoutons que la méthode de Ménechme renferme aussi le germe de l'analyse géométrique, ou de cet art par lequel, en regardant un problème comme résolu, et traitant indifféremment les quantités inconnues comme les quantités connues, on parvient de raisonnement en raisonnement, de conséquence en conséquence, à une expression qui est, pour ainsi dire, la traduction géométrique de toutes les conditions du problème. Cet art n'est point l'algèbre ; mais l'algèbre lui prête de puissans secours, et à cet égard les modernes ont un grand avantage sur les anciens, quoique ceux-ci fussent versés dans l'analyse géométrique depuis les solutions de Ménechme.

Le problème de la trisection de l'angle, qui

La découverte de Ménechme conduit aux lieux géométriques.

Problème de

est de même nature que celui de la duplication du cube, fut également agité dans l'école
de Platon. Sans pouvoir parvenir à le rendre
par la règle et le compas, on le réduisit du
moins à une proposition très - simple et très-
curieuse : elle consiste à mener d'un point
donné sur une demi-circonférence de cercle,
une ligne droite qui aille couper la demi-circonférence et le prolongement du diamètre
qui lui sert de base, de manière que la partie
de cette ligne, comprise entre les deux points
d'intersection, soit égale au rayon : résultat qui donne lieu à diverses constructions
faciles. On applique aussi à ce problème les
intersections des sections coniques, comme
Ménechme l'avait fait pour celui de la duplication du cube.

Suivant les méthodes modernes, ces deux
problèmes conduisent l'un et l'autre à des
équations du troisième degré, avec cette
différence que l'équation relative à la duplication du cube n'a qu'une seule racine réelle,
et que celle de la trisection de l'angle a ses trois
racines réelles.

La plupart des anciens géomètres étaient
tellement préoccupés de l'espérance de résoudre ces problèmes par la règle et le compas,
qu'ils ne pouvaient se déterminer à y renoncer.

Ils firent à ce sujet une foule de tentatives infructueuses. Cet acharnement devint une espèce de maladie épidémique, qui s'est transmise de siècle en siècle jusqu'à nos jours : elle devait cesser, et elle cessa en effet pour ceux qui suivirent le progrès des Mathématiques, lorsque, dans les temps modernes, on commença d'appliquer l'algèbre à la Géométrie. Aujourd'hui, le mal est incurable pour ceux qui attaquent ces questions avec les armes des anciens, parce que, n'étant pas au courant des sciences actuelles, il n'existe aucun moyen de les guérir.

Quoique les anciens géomètres dont je viens de parler n'aient pas atteint leur but principal, leurs recherches ont été utiles à d'autres égards : elles ont valu à la Géométrie de nouvelles théories, et plusieurs instrumens ingénieux pour résoudre les deux problèmes dont il s'agit, d'une manière approchée et plus que suffisante dans la pratique. La plupart de ces méthodes sont perdues. Nous avons celles de quatre illustres géomètres, Dinostrate, Nicomède, Pappus et Dioclès, qui méritent qu'on en fasse une mention honorable. Le premier était de l'école de Platon, contemporain de Ménechme, dont on croit même qu'il était frère ; les trois autres ont fleuri dans l'école d'Alexandrie.

Dinostrate imagina une courbe qui aurait eu le double avantage de donner la trisection ou la multiplication de l'angle, et la quadrature du cercle (d'où lui est venu le nom de *quadratrice*), si on eût pu la décrire d'un mouvement continu par la règle et le compas. Elle se forme par l'intersection des rayons d'un quart de cercle, avec une règle qu'on fait mouvoir uniformément et parallèlement à l'un des rayons extrêmes du quart de cercle ; mais elle est du nombre des courbes mécaniques, et ne remplit en rigueur ni l'un ni l'autre des objets auxquels elle était destinée.

La conchoïde de Nicomède est une courbe géométrique qui s'applique également aux deux problèmes : elle se construit en général en fixant une règle sur une table, et faisant tourner autour de l'un de ses points, une autre règle qui porte deux stiles, qu'on tient toujours également éloignés l'un de l'autre : le premier stile parcourt la règle fixe ; le second décrit la courbe. Ce mécanisme est susceptible de plusieurs variétés. La position de l'axe polaire et la distance des deux stiles mobiles, se déterminent d'après les conditions de celui des deux problèmes qu'on veut résoudre. Newton, dans un appendix à son *Arithmétique*, fait le plus grand éloge de l'invention de Nicomède ; il en

préfère l'usage pour la construction géométrique des équations déterminées du troisième
et du quatrième degré, aux moyens tirés des
intersections des sections coniques.

Pappus, dans ses *Collections Mathéma-*
tiques, propose une méthode ingénieuse pour
trouver les deux moyennes proportionnelles
dans le problème de la duplication, ou en général de la multiplication du cube. Des deux
lignes extrêmes, il forme les deux côtés d'un
triangle rectangle ; du sommet de l'angle droit,
avec le plus grand côté pour rayon, il décrit
un demi - cercle qui a conséquemment pour
diamètre le double de ce côté ; il mène des
deux extrémités du diamètre deux lignes
droites indéfinies, dont l'une a même direction que l'hypothénuse ; l'autre va couper
celle-là prolongée, le plus petit côté du
triangle, aussi prolongé, et la demi-circonférence : il fait en sorte que de ces trois points
d'intersection, celui du milieu soit placé à
égale distance des deux autres. Alors, la distance de ce même point moyen au centre, est
la plus grande des deux moyennes proportionnelles demandées.

On voit que cette méthode suppose un tâtonnement sujet à quelqu'incertitude. Dioclès la
perfectionna au moyen de la courbe *cissoïde*,

An de J. C.
450.

Lib. 8 prop. 11.

An de J. C.
460.

Cissoïde de
Dioclès.

qui porte son nom. Cette courbe se construit
en décrivant un demi-cercle sur le double de
la plus grande ligne extrême, comme diamètre ; élevant à l'une des extrémités du diamètre une perpendiculaire indéfinie qui sert
de directrice, menant de l'autre extrémité une
infinité de lignes transversales qui vont couper
la demi-circonférence et la directrice, et prenant sur chaque transversale un point tel que
sa distance à l'origine soit égale à la partie
comprise entre la demi-circonférence et la
directrice : la suite de ces points forme la cissoïde. Ensuite on construit le triangle rectangle
de Pappus, et la cissoïde va couper le prolongement de l'hypothénuse en un point par où
doit passer la transversale qui détermine, sur
le prolongement du plus petit côté du triangle,
le point moyen de Pappus.

Je reviens sur mes pas, et je reprends le
précis historique de la Géométrie, un peu
après Platon.

A mesure que cette science s'enrichissait,
on voyait paraître de temps en temps des traités particuliers, dans lesquels toutes les propositions connues étaient rassemblées et rangées
suivant un ordre méthodique. Tel est l'objet
qu'Euclide, géomètre de l'école d'Alexandrie,
An xv, J.C. s'est proposé dans ses fameux *Elémens*. Cet
300.

ouvrage est divisé en quinze livres, dont onze appartiennent à la Géométrie pure ; les quatre autres traitent des proportions en général, et des principaux caractères des nombres commensurables, et des nombres incommensurables. Quoique la théorie des sections coniques fût déjà avancée au temps où Euclide a écrit, il n'en a pas parlé, n'ayant alors pour objet que la Géométrie élémentaire ; mais on voit par ses *data*, et par quelques fragmens d'autres ouvrages, qu'il était très-versé dans cette théorie.

Jamais livre de science n'a eu un succès comparable à celui des élémens d'Euclide. Ils ont été enseignés exclusivement, pendant plusieurs siècles, dans toutes les écoles de Mathématiques, traduits et commentés dans toutes les langues : preuve certaine de leur excellence.

Les anciens géomètres s'attachaient à mettre toute la rigueur possible dans leurs démonstrations. D'un petit nombre d'axiômes ou de propositions évidentes par elles-mêmes, ils déduisaient d'une manière incontestable la vérité des propositions secondaires qu'ils voulaient établir, sans se permettre aucune de ces suppositions un peu libres que les modernes emploient quelquefois pour simplifier les

Rigueur scrupuleuse des anciens dans leurs démonstrations.

raisonnemens et les conséquences. Un de leurs
grands principes était la réduction à l'absurde :
ils concluaient que deux rapports devaient être
égaux, quand ils avaient prouvé que de la non
égalité il résulterait que l'un serait tout à la
fois plus grand et plus petit que l'autre ; ce
qui implique contradiction. Par exemple, fal-
lait-il démontrer que les circonférences de
deux cercles sont comme les diamètres ? ils
auraient cru pécher contre la rigueur géométrique, si, après avoir prouvé que les contours de deux polygones réguliers semblables,
inscrits dans les deux cercles, sont toujours
comme les diamètres, en quelque nombre que
soient les côtés des polygones, ils avaient fini
par confondre les circonférences et les contours des deux polygones, et par conséquent
aussi les deux rapports, en multipliant à l'infini le nombre des côtés des deux polygones.
Leur marche était plus serrée. Ils commençaient par établir qu'en soudivisant continuellement en deux parties égales chacun des arcs
soutenus par les côtés des polygones, les contours des nouveaux polygones, toujours proportionnels aux diamètres, approchaient continuellement des circonférences jusqu'à n'en
différer enfin que de quantités inassignables :
ensuite ils faisaient voir qu'on ne pouvait pas

supposer, sans tomber dans des absurdités, que le rapport des deux circonférences fût plus grand ou plus petit que celui des contours des deux derniers polygones rectilignes, ou des diamètres; d'où ils concluaient que ces deux rapports étaient les mêmes.

Euclide, dans ses élémens, s'est conformé à cette méthode rigoureuse, consacrée par l'assentiment unanime des anciens géomètres. Mais par là même, ses démonstrations sont quelquefois longues, indirectes, compliquées, et les commençans ont de la peine à les suivre. C'est ce qui a déterminé plusieurs modernes, dans les éditions qu'ils ont données des élémens d'Euclide, à employer des démonstrations plus simples et plus faciles que celles de l'auteur. Peut-être faut-il attribuer à cet inconvénient, attaché aux anciennes méthodes, les difficultés que Ptolomée Philadelphe, roi d'Egypte, d'ailleurs homme d'esprit, éprouvait dans l'étude des Mathématiques. Fatigué par l'extrême attention qu'il fallait y donner, il demanda un jour à Euclide s'il ne pouvait pas applanir la route en sa faveur; le géomètre philosophe répondit ingénuement: *Non, prince, il n'y a point de chemin particulier pour les rois.*

On trouve dans les élémens d'Euclide tous

les principes nécessaires pour déterminer les contours et les surfaces des polygones rectilignes, les surfaces et les solidités des polyèdres terminés par des faces planes rectilignes : il y manque la méthode pour mesurer la circonférence du cercle, quoique l'auteur soit entré d'ailleurs dans plusieurs détails sur les propriétés de cette courbe, et sur ses divers usages pour la détermination et la comparaison des angles. Il démontre, à la vérité, que les circonférences de deux cercles sont comme les diamètres ; que les surfaces sont comme les quarrés des diamètres ; qu'un cylindre est égal au produit de sa base et de sa hauteur ; qu'un cône est le tiers du cylindre de même base et de même hauteur : mais toutes ces propositions sont incomplètes, ou demeurent stériles, tant qu'on ne connaît pas la longueur de la circonférence du cercle, relativement au diamètre ou au rayon. Cette connaissance, si on la possédait, ferait trouver la surface du cercle, ou en d'autres termes sa *quadrature*. En effet, on voit, par Euclide même, qu'en inscrivant dans un cercle des polygones réguliers dont le nombre des côtés aille continuellement en augmentant jusqu'à l'infini, la surface du cercle est égale à celle d'un triangle qui aurait pour base la circonférence développée en ligne

Problème de la quadrature du cercle.

droite, et pour hauteur le rayon ; d'où il suit qu'on aurait un quarré égal en surface au cercle, en prenant une moyenne proportionnelle géométrique entre la circonférence et la moitié du rayon ; mais Euclide n'a pas donné ce supplément nécessaire.

Archimède, le plus grand géomètre de l'antiquité, est le premier qui ait découvert le rapport de la circonférence au diamètre, non pas dans la rigueur géométrique, mais par une méthode d'approximation, admirable dans son espèce, source et modèle de toutes les quadratures approchées des espaces curvilignes, lorsqu'on manque de moyens pour les déterminer exactement et sans rien négliger.

An. av. J C. 250.

Ayant reconnu que si l'on inscrit et circonscrit au cercle deux polygones réguliers d'un même nombre de côtés, qui aille continuellement en augmentant, la circonférence du cercle est placée entre leurs contours, plus grande que l'un, moins grande que l'autre, et qu'enfin la différence peut devenir moindre que toute quantité assignable : il supposa que les deux premiers polygones avaient chacun six côtés, les deux suivans chacun douze, et continuant ainsi la progression double jusqu'au nombre quatre-vingt-seize, il vit, à ce terme auquel il s'arrêta, que les contours des

I.   4

deux polygones approchaient fort de l'égalité.
Il prit en conséquence la moyenne arithmétique entr'eux pour la valeur approchée de la
circonférence ; et la conclusion de son calcul
fut qu'en représentant le diamètre par le
nombre 7, la circonférence est comprise entre
les deux nombres 21 et 22, beaucoup plus
voisine du second que du premier. La même
méthode poussée plus loin, fait trouver le rapport du diamètre à la circonférence plus exactement; mais celui de 7 à 22 est suffisant dans
les problèmes de pratique, qui ne demandent
pas une très-grande précision.

On a fait, depuis Archimède, une foule de
tentatives inutiles, pour assigner le rapport
rigoureux du diamètre à la circonférence. Les
vrais géomètres regardent ce problème, sinon
comme absolument insoluble en lui-même,
au moins comme tel par les moyens que la
Géométrie peut offrir dans son état présent. Si
on a pu concevoir un moment l'espérance de
le résoudre, c'est à la naissance de l'analyse
infinitésimale ; car cette méthode a rectifié et
quarré des courbes où l'ancienne Géométrie
avait échoué ; mais le cercle lui a résisté,
et il n'y a plus aujourd'hui que les commençans, ou même des gens absolument
étrangers à la Géométrie, qui cherchent

la quadrature absolue et rigoureuse du cercle.

Les nombreuses découvertes dont Archimède a enrichi les Mathématiques, l'ont placé dans le petit nombre de ces hommes rares et inventeurs qui donnent de temps en temps une grande impulsion à toute la masse des sciences. Outre l'écrit *de dimensione circuli*, dont je viens de donner le précis, nous avons ses traités *de Sphœra et Cylindro ; de Conoïdibus et Sphœroidibus ; de Spiralibus et Helicibus ; de Quadraturâ parabolœ ; de Æquiponderantibus ; de Humido insidentibus*, etc. dans lesquels on admire la puissance de son génie. Les titres de ces différens ouvrages en font assez connaître les sujets. Je n'en donnerai pas ici l'analyse ; je me contenterai d'en rapporter quelques résultats principaux.

Dans le traité *de Sphœra et Cylindro*, Archimède détermine le rapport de la sphère au cylindre, tant pour la surface que pour la solidité ; il fait voir que la surface de la sphère est égale à la surface convexe du cylindre circonscrit, ou, ce qui est la même chose, au quadruple de l'un de ses grands cercles ; que la surface d'un segment sphérique est égale à la surface cylindrique correspondante, ou à celle du cercle qui a pour rayon la corde menée du

sommet à un point de la circonférence de la base;
que la solidité de la sphère est les deux tiers de
celle du cylindre, etc. Le traité *de Conoïdibus*
contient plusieurs propriétés des solides produits par la révolution des sections coniques autour de leurs axes. Archimède compare ces solides entr'eux; il détermine leurs rapports avec
le cylindre, et le cône de même base et de
même hauteur; il démontre, par exemple, que
la solidité du paraboloïde n'est que la moitié de
celle du cylindre circonscrit, etc. Dans l'écrit
sur la quadrature de la parabole, il prouve
de deux manières également ingénieuses, que
la surface de la parabole est les deux tiers du
rectangle circonscrit; premier exemple de la
quadrature absolue et rigoureuse d'un espace
compris entre des lignes droites et une courbe.
Le traité des spirales est fondé sur une Géométrie très-profonde : Archimède compare les
longueurs de ces courbes avec des arcs de cercles correspondans, les espaces qu'elles ren-
ferment avec les espaces circulaires; il en
mène les tangentes, les perpendiculaires, etc.
Toutes ces recherches, aujourd'hui si faciles
depuis l'invention de l'analyse infinitésimale,
étaient d'une extrême difficulté par la Géométrie de ce temps-là. Il ne faut donc pas être
surpris si les démonstrations d'Archimède sont

un peu compliquées ; on doit admirer au contraire la force de tête dont il a eu besoin pour ne pas laisser échapper ou rompre la chaîne d'un si grand nombre de propositions.

Ce précis est suffisant pour donner une idée générale des découvertes géométriques d'Archimède ; j'ajouterai qu'il a étendu et démontré clairement l'usage de l'analyse géométrique dont l'école de Platon avait donné les principes. On verra d'autres preuves du génie de ce grand homme, quand je parlerai de la mécanique, de l'hydrostatique et de l'optique.

Archimède aimait la gloire, non pas ce vain fantôme que la médiocrité poursuit et ne peut même atteindre, mais la gloire solide, cette considération, ce respect dû à l'homme de génie qui recule les bornes des sciences. Il désira, en mourant, que, pour perpétuer à tous les yeux la mémoire de sa plus brillante découverte, on gravât sur son tombeau une sphère inscrite au cylindre : son vœu fut rempli ; mais les Siciliens, ses compatriotes, distraits ou emportés par des intérêts étrangers à la Géométrie, eurent bientôt oublié l'homme qui les honore le plus en présence de la postérité. Deux cents ans après sa mort, Cicéron étant questeur en Sicile, rendit pour ainsi dire, et pour employer ses propres termes, *une*

Cic. Tusc. V.

seconde fois Archimède à la lumière. N'en ayant rien pu apprendre par les Siciliens, il fit chercher son tombeau d'après la simple connaissance historique du signe que je viens de rapporter, et de six vers grecs qu'on avait gravés autour de la base. Après bien des peines, on le découvrit enfin sous un amas de ronces, dans une campagne voisine de Syracuse. Les Siciliens rougirent de leur ignorance et de leur ingratitude.

An av. J. C.
200.

Il s'était à peine écoulé cinquante ans depuis Archimède, lorsqu'on vit paraître un autre géomètre qui l'a presque égalé, et qui est du moins incontestablement le second géomètre de l'antiquité : je veux dire *Apollonius*, né à Pergée en Pamphylie, d'où on l'appelle *Apollonius Pergœus*. Ses contemporains le surnommèrent le *grand géomètre*, le géomètre par excellence. La postérité lui a confirmé ce titre glorieux, sans préjudice d'Archimède, qui conserve le premier rang.

Apollonius avait composé un grand nombre d'ouvrages sur la Géométrie transcendante de son temps : la plupart sont perdus, ou ne subsistent que par fragmens ; mais nous avons du moins, presque en totalité, son traité des *sections coniques*, qui suffit seul pour justifier la grande réputation de l'auteur. Ce traité était divisé en huit livres. Les quatre premiers ont passé jusqu'à nous dans leur langue originale, c'est-à-dire en grec ; les trois suivans ne nous sont parvenus que par une traduction qui en avait été faite en arabe vers l'an 1250, et qui fut elle-même mise en latin vers le milieu du dix-septième siècle ; le huitième livre est entièrement perdu. Le célèbre Halley a revu et corrigé très-exactement le texte d'Apollonius et la traduction faite d'après l'arabe ; il a restitué de lui-même le huitième livre d'après le plan d'Apollonius, et il a formé du tout une magnifique édition, publiée à Oxford en 1710.

Dans les quatre premiers livres, Apollonius traite de la génération des sections coniques, et de leurs principales propriétés par rapport aux axes, aux foyers et aux diamètres. La plupart de ces choses étaient déjà connues ; mais lorsqu'Apollonius emprunte quelques propositions de ses prédécesseurs, c'est en homme de génie qui perfectionne et accroît la science. Avant lui, on n'avait considéré les sections coniques que dans le cône droit ; il les prend dans un cône quelconque, toujours à base circulaire, et il démontre plusieurs théorèmes, ou nouveaux, ou présentés sous une forme plus générale qu'ils ne l'avaient encore été.

Les livres suivans contiennent une foule de théorèmes et de problèmes remarquables, jusqu'alors absolument inconnus; et c'est par-là qu'Apollonius a principalement mérité le titre de grand géomètre. J'en citerai quelques traits.

Dans le cinquième livre, Apollonius détermine *les plus grandes et les moindres* lignes qu'on peut mener d'un point donné au périmètre d'une section conique. Il suppose d'abord que le point donné est placé sur l'axe de la section conique, et il résout à ce sujet un grand nombres de problèmes curieux avec une simplicité et une élégance qu'on ne peut trop admirer; ensuite il étend la recherche au cas où le point est placé hors de l'axe : nouveau champ de problèmes encore plus difficiles. Par exemple, dans la proposition LXII, il détermine la plus courte ligne qu'on peut mener d'un point donné, placé dans l'intérieur d'une parabole, et hors de l'axe, par une construction très-ingénieuse où il emploie une hyperbole équilatère entre ses asymptotes, qui va couper la parabole au point cherché. On trouve dans ce même livre le germe de la sublime théorie des développées que la Géométrie moderne a poussée si loin.

Le sixième livre a pour objet la comparaison

des sections coniques, portions de sections coniques, semblables ou non semblables. Apollonius enseigne à couper un cône donné, de manière que la section ait des dimensions données ; il détermine sur un cône semblable à un cône donné, une section conique de dimensions données : partout une simplicité, une élégance, une clarté infiniment satisfaisantes pour les amateurs de l'ancienne Géométrie.

Dans le septième livre dont le huitième faisait partie ou suite, Apollonius démontre, et c'est pour la première fois que ces théorèmes importans paraissent dans la Géométrie, que dans l'ellipse ou l'hyperbole, la somme ou la différence des quarrés des axes est égale à la somme ou à la différence des quarrés de deux diamètres conjugués ; et que dans l'une et l'autre courbe, le rectangle construit autour des deux axes est égal au parallélogramme construit autour de deux diamètres conjugués. Je passe sous silence d'autres propositions très-curieuses et non moins profondes.

Le siècle d'Archimède et d'Apollonius a été le temps le plus brillant de l'ancienne Géométrie. Après ces deux grands hommes, on ne rencontre plus de géomètre du premier ordre dans la période qui nous occupe ; mais

Epoque de la plus grande gloire de l'ancienne Géométrie.

il en est plusieurs autres qui ont néanmoins
enrichi la Géométrie de découvertes ou de
théories intéressantes, et qui par-là méritent
l'estime et la reconnaissance de la postérité.

Il paraît que les grands inventeurs, trop
livrés peut-être aux spéculations abstraites et
théoriques de la Géométrie, attachaient peu
d'importance aux applications qu'on en pouvait faire à la pratique. Telle est, sans doute,
la cause qui a fait tomber dans l'oubli la pre-
Trigonomé- mière origine de la Trigonométrie, ou de cette
trie rectiligne. branche de la Géométrie par laquelle on
trouve la relation entre les côtés et les angles
d'un triangle. Elle offre cependant des problèmes curieux qui ont dû exciter naturellement les recherches des premiers géomètres.
Par exemple, on aura pu désirer ou avoir
besoin de connaître la largeur d'une grande
rivière, sans être obligé ou sans être en pouvoir de la mesurer immédiatement; on aura
voulu savoir la distance des sommets de deux
montagnes séparées par des précipices; ainsi
de plusieurs autres questions du même genre:
or, on parvient à résoudre tous ces problèmes
par la formation d'un triangle qui ait pour un
de ses élémens la quantité cherchée, et dans
lequel on connaisse trois des six choses (trois côtés et trois angles) qui le composent, avec cette

condition que parmi les trois choses connues,
il y ait un côté que l'on puisse mesurer immédiatement, ou conclure d'une autre distance
connue. On voit par-là que les principes de la
Trigonométrie rectiligne sont fort simples.
On a des indices que les Egyptiens ne les ont
pas ignorés ; on a la certitude qu'ils étaient familiers aux Grecs. Outre leur usage pour la
mesure des distances terrestres, ils s'appli-
quaient à plusieurs problèmes d'astronomie.

De cette considération des triangles rectilignes, on s'éleva à une théorie semblable sur
les triangles sphériques, c'est-à-dire, sur les
triangles formés par trois arcs de grands cercles d'une sphère, qui se coupent : théorie
spécialement utile, et en quelque sorte indis-
pensable dans l'Astronomie. Elle est un peu
compliquée, parce qu'il faut aller saisir dans
un espace étendu suivant les trois dimensions,
les rapports des côtés et des angles d'un triangle
dont les trois côtés sont des arcs de cercle.
Aussi la naissance de la Trigonométrie sphérique a-t-elle été tardive. On n'a aucune raison
de croire qu'elle eût fait des progrès, au moins
des progrès un peu marqués, avant Ménélaüs,
qui vivait vers l'an 55 de l'ère chrétienne, et
qui était tout à la fois habile géomètre et grand
astronome. Il avait écrit un traité des *Cordes*.

Trigonomé-
trie sphérique.

qui est perdu ; nous avons son traité des *Triangles sphériques*, ouvrage savant où l'on trouve la formation de ces triangles, et la méthode trigonométrique pour les résoudre dans le plus grand nombre de cas nécessaires à la pratique de l'ancienne astronomie.

Perspective. Il existe une autre théorie géométrique, la Perspective, sur laquelle on est en doute si elle a été connue des anciens. Pour moi, je ne vois pas que cela puisse faire une question à l'égard de la perspective *linéaire ;* car cette science, si on peut lui donner ce nom particulier, n'est qu'une application très-simple et très-facile de la théorie des triangles semblables. En effet, elle se réduit à représenter sur un plan, ou sur une surface donnée, un objet tel qu'il paraît étant vu d'un point donné ; ou en langage géométrique, à projeter sur une surface donnée les parties d'un objet par des lignes menées d'un point fixe et donné à tous les points de cet objet. Or, un tel problème n'est-il pas contenu plus que virtuellement dans les élémens d'Euclide, sans compter que peut-être il a été résolu, d'une manière explicite, dans quelqu'ouvrage qui ne nous est pas parvenu ? Si cependant quelqu'un n'était pas satisfait de cette preuve de droit, je lui en produirai une de fait, tirée de Vitruve. Le passage qui la renferme n'a pas été traduit d'une manière parfaitement conforme au sens par Claude Perrault, et on ne peut guère se dispenser d'adopter de préférence la traduction suivante, que M. Jalabert a donnée. « Agatharque, » au temps qu'Eschyle représentait des tragé-» dies à Athènes, fut le premier à faire les » décorations du théâtre. . . . . A son » exemple, Démocrite et Anaxagore écri-» virent sur ce sujet, comment ayant mis un » point en certain lieu par rapport à l'œil et » aux rayons visuels, on y fait répondre cer-» taines lignes proportionnelles aux distances » naturelles, en sorte que d'une chose cachée, » ou qu'on aurait de la peine à deviner, il en » résulte des images ressemblantes aux objets, » telles, par exemple, qu'elles représentent des » édifices sur le théâtre, lesquelles, quoique » peintes sur une surface plate, paraissent » avancer en des endroits. » Voilà, ce me semble, la perspective linéaire bien désignée.

La question n'est pas si facile à résoudre par rapport à la perspective aérienne, qui dépend de l'opposition et de la dégradation des couleurs. Quelques modernes prétendent que les anciens n'en avaient que des notions imparfaites, fondées sur une espèce de routine ; mais j'avoue que je suis très-frappé des raisons

Lib. VII, Præf.

Mém. de l'ac. des belles lett., tom. XXIII, pag. 341.

que le comte de Caylus apporte pour établir
l'opinion contraire. Qu'on pèse le passage suivant, extrait de la dissertation où ce savant
critique discute la matière. « La peinture an-
» cienne, au moins la plus parfaite et la plus
» terminée, n'existe plus pour nous con-
» vaincre du degré auquel les anciens ont
» porté la perspective. Il est certain qu'au
» siècle même d'Auguste, les tableaux de
» Zeuxis, de Protogènes et des autres grands
» peintres du bon temps de la Grèce, se
» distinguaient à peine, tant les couleurs en
» étaient évaporées, effacées, et le bois ver-
» moulu; car les tableaux portatifs n'étaient
» peints sur aucune autre matière, du moins
» nous ne l'apprenons d'aucun historien. Que
» nous reste-t-il donc aujourd'hui pour établir
» notre jugement, soit pour attaquer, soit
» pour défendre? Quelques peintures sur la
» muraille, que nous sommes trop heureux
» d'avoir, mais que notre goût pour l'antique
» ne doit pas nous faire admirer également.
» Quelque belles qu'elles puissent être à cer-
» tains égards, il est certain qu'on ne peut
» les comparer à ces superbes tableaux dont
» les auteurs anciens ont fait de si grands
» éloges, dont ils parlaient à ceux même qui
» les admiraient avec eux, à ceux qui sentaient

Mém. de l'ac.
des belles-lett.
tom. XXIII,
pag. 313.

» tout le mérite de ces chefs-d'œuvres de
» sculpture sur lesquels on ne peut soup-
» çonner ces auteurs de prévention, puisque
» nous en jugeons, que nous les admirons
» tous les jours, et qu'enfin nous savons
» qu'ils étaient également employés à la déco-
» ration des temples et des autres lieux pu-
» blics. Ces arts se suivent ; je le dirai sans
» cesse, et j'ajouterai qu'il est physiquement
» impossible que l'un (la sculpture) fût élé-
» gant et sublime, tandis que l'autre (la
» peinture) aurait été réduit à un point de
» platitude et d'imperfection, telle que serait
» en effet une peinture sans relief, sans dégra-
» dation, enfin, sans ce qu'on appelle l'intel-
» ligence de l'harmonie. »

Si j'écrivais une histoire détaillée des Mathématiques, je pourrais faire une ample liste des
géomètres qui ont fleuri depuis le temps d'Archimède jusqu'à la destruction de l'école
d'Alexandrie. Je citerais Conon et Dositée,
tous deux amis d'Archimède, et l'un et l'autre
très-savans ; Géminus, mathématicien de
Rhodes, qui avait écrit un ouvrage intitulé:
Enarrationes geometricæ, etc.; mais je me
bornerai à faire passer ici rapidement sous les
yeux du lecteur ceux dont il nous reste quelques ouvrages, et dont nous pouvons parler

avec quelque connaissance de cause, sans être entièrement conduits par les simples énonciations des historiens.

An av. J. C.
60.
Théodose se présente d'abord avec son traité des *Sphériques*, dans lequel il examine les propriétés qu'ont les uns par rapport aux autres, les cercles que l'on forme en coupant une sphère dans tous les sens. Cet ouvrage, excellent en lui-même, peut être regardé comme une introduction à la Trigonométrie sphérique. La plupart des propositions que l'auteur donne paraissent aujourd'hui évidentes au premier coup d'œil; mais, fidèle aux maximes des anciens, il démontre tout avec la plus grande rigueur et avec beaucoup d'élégance. On a encore de Théodose deux traités intitulés : *De Habitationibus, de Diebus et Noctibus*, qui contiennent l'explication des phénomènes célestes qu'on doit apercevoir des différens lieux de la terre.

Depuis Théodose, on parcourt un espace de trois ou quatre cents ans sans rencontrer aucun géomètre d'un certain ordre, si vous en exceptez Ménélaüs que j'ai déjà fait suffi-
An de J. C.
385
samment connaître. Enfin, on arrive à Pappus et à Dioclès, dont j'ai aussi parlé avec éloge à l'occasion des deux problèmes particuliers de la duplication du cube et de la trisection

de l'angle, et qui reviennent ici sous de nouveaux rapports. On voit encore paraître quelques autres géomètres d'un mérite distingué.

Les collections mathématiques de Pappus
offrent un des plus précieux monumens de
l'ancienne Géométrie. L'auteur y a rassemblé
le précis d'un grand nombre d'excellens ouvrages, presque tous perdus aujourd'hui, et il
y a joint, de son propre fonds, plusieurs propositions nouvelles, curieuses et savantes.
Ainsi il ne faut pas regarder ce recueil comme
une compilation ordinaire : j'ajoute que même
sous ce point de vue, il mériterait toute notre
estime, puisqu'il représente à peu près l'état
des anciennes Mathématiques. Il était divisé
en huit livres : les deux premiers sont perdus ;
les autres ont, en général, pour objet des
questions de géométrie, et quelques-unes
d'astronomie, ou de mécanique.

Entr'autres recherches, Pappus s'est proposé le problème des lieux géométriques dans
toute son étendue, et il en a fort avancé la
solution. Comme elle demandait pour être
achevée le secours de l'algèbre, je me réserve
d'en parler quand il sera question des découvertes géométriques de Descartes, sous la
troisième période.

Pappus a donné la solution d'un autre

problème très-curieux, et d'une espèce alors
absolument nouvelle : c'était de trouver des
espaces quarrables sur la surface de la sphère.
Il démontre, au moyen des théorèmes d'Ar-
Lib. IV, pro-
pos. XXX. chimède, que *si un point mobile, partant du
sommet d'un hémisphère, parcourt un quart
de circonférence, tandis que ce quart de
circonférence fait une révolution entière
autour de l'axe, l'espace compris entre la
circonférence de la base et la spirale à
double courbure décrite sur la surface
sphérique par le point mobile, est égal au
quarré du diamètre.* La proposition peut être
facilement généralisée, et on trouve que si,
tout restant d'ailleurs le même, le quart de
circonférence, au lieu de faire une révolution entière, n'en fait qu'une partie donnée,
l'espace sphérique compris entre le quart de
circonférence dans sa position initiale, l'arc
correspondant de la base, et la spirale sphérique, est au quarré du rayon, comme l'arc
de la base est au quart de circonférence. Plusieurs grands géomètres ont traité en général
la question de déterminer des espaces quarrables sur une surface donnée, comme on le
verra sous la quatrième période.

Je dois ajouter encore, à la louange de
Pappus, qu'on trouve à la fin de la préface

de son septième livre, une idée assez distincte du fameux théorème attribué vulgairement au P. Guldin, jésuite, que *l'étendue superficielle ou solide, engendrée par le mouvement d'une ligne ou d'un plan, est égale au produit de la ligne génératrice, ou du plan générateur, par le chemin que décrit son centre de gravité.*

Quoiqu'il nous reste peu d'ouvrages de Dioclès, nous en avons assez pour juger qu'il était doué d'une grande sagacité. Outre sa cissoïde, il trouva la solution d'un problème qu'Archimède s'était proposé dans son traité de *Sphæra et Cylindro*, et qui consistait à *couper, par un plan, une sphère en raison donnée.* On ignore si Archimède avait lui-même résolu cette question, alors fort difficile, et qui mène, suivant les méthodes modernes, à une équation du troisième degré. La solution de Dioclès, savante et profonde, se termine à une construction géométrique, par le moyen des intersections de deux sections coniques ; elle nous a été conservée par Eutocius, qui était lui-même un très-bon géomètre, et dont on estime beaucoup en particulier les commentaires sur une partie des ouvrages d'Archimède et d'Apollonius.

An de J. C. 520.

On place à peu près vers le temps de

5.

Dioclès un autre savant géomètre, appelé Serenus, dont il nous reste deux livres sur
la section du cylindre et du cône, que Halley
a fait réimprimer en grec et en latin, à la
suite de l'édition d'Apollonius. Dans son premier livre, Serenus considère l'ellipse comme
une section oblique du cylindre, et il fait
voir que la courbe formée de cette manière
est la même que l'ellipse conique; il apprend
à couper un cylindre, et un cône, de telle
sorte que les deux sections soient égales et
semblables. Le second livre traite des sections
du cône droit et du cône scalène, par des
plans qui passent tous par le sommet; ce qui
produit des triangles rectilignes, dont la comparaison donne lieu à un grand nombre de
théorèmes et de problèmes curieux, à raison
des différens rapports qui peuvent exister
entre l'axe, le rayon de la base, et l'angle
de l'axe avec la base. L'ouvrage entier de
Serenus est une chaîne de propositions intéressantes et démontrées très-clairement. On
ne sait aucun détail sur la personne de
l'auteur.

Je n'oublierai pas de citer Proclus, chef
de l'école platonicienne établie à Athènes. Il
a rendu d'importans services aux sciences; il
encourageait ceux qui s'y livraient, par son

An de J. C.
500.

exemple, ses instructions et ses bienfaits : il a laissé sur le premier livre d'Euclide un commentaire qui contient des observations curieuses touchant l'histoire et la métaphysique de la Géométrie.

— Il eut pour successeur Marinus, auteur d'une préface ou introduction aux *données* d'Euclide, laquelle est ordinairement imprimée à la tête de cet ouvrage.

— Nous n'avons aucun ouvrage d'Isidore de Milet, disciple de Proclus ; mais nous le citons, parce qu'on le représente comme un homme très-savant dans la Géométrie et la Mécanique, et qu'il fut employé à la construction du temple de sainte Sophie à Constantinople, sous l'empereur Justinien, avec Anthémius, dont il nous reste un précieux fragment sur lequel je m'étendrai un peu dans la suite, quand je parlerai des miroirs ardens d'Archimède.

An de J. C.
530.

On cite encore, parmi les anciens géomètres, Héron *le jeune*, ainsi nommé pour le distinguer de Héron d'Alexandrie, dont il sera parlé à l'article de l'Hydrostatique. Sa Géodésie, ouvrage d'ailleurs peu important, contient la méthode de trouver l'aire d'un triangle par le moyen des trois côtés, mais sans démonstration. On croit que cette propo-

An de J C.
600.

sition est l'ouvrage de quelque mathématicien antérieur et plus profond.

Il est inutile d'enfler ce précis historique de noms de quelques géomètres qui ont pu être utiles à l'instruction de leurs contemporains, mais qui, n'ayant pas contribué, au moins d'une manière sensible, aux progrès de la science, ne méritent guère d'arrêter les regards de la postérité.

———————

CHAPITRE III.

Origine et progrès de la Mécanique.

Les anciens avaient porté la partie organique des *engins*, ou *instrumens mécaniques*, à un point d'industrie et de perfection d'autant plus surprenant, qu'ils n'en ont connu que très-tard les principes théoriques. Vitruve, dans son dixième livre, fait l'énumération de diverses machines très-ingénieuses, et qui dès lors étaient en usage depuis un temps immémorial. On y voit que, pour élever ou transporter des fardeaux, ils employaient la plupart des moyens dont nous nous servons encore aujourd'hui : tels sont les cabestans, les poulies mouflées, les grues, les plans inclinés, etc. Les difficultés faisaient naître les ressources. Par exemple, quand l'architecte Ctésiphon, chargé de la construction du temple d'Ephèse *, eut fait tailler dans la

---

* On ne connaît pas la date de la construction du temple d'Ephèse : on sait qu'il fut brûlé par Erostrate, la nuit qu'Alexandre vint au monde, en l'année 556 avant J. C.

carrière même les colonnes qui devaient soutenir ou orner cet immense édifice, et qu'il fut question de les amener à Ephèse, il sentit qu'en les posant sur un char ordinaire, leur poids énorme ferait enfoncer les roues dans la terre, et rendrait le mouvement impossible : il eut donc recours à un autre moyen fort simple ; il scella aux centres des bases opposées d'une colonne, deux forts boulons de fer qui s'emboîtaient à deux longues pièces de bois jointes ensemble par une traverse. Alors des bœufs, attelés à cette espèce de châssis, firent rouler aisément la colonne. C'est par une semblable mécanique que nous applanissons nos terrasses, nos jardins, etc. Pareillement Métagène, fils de Ctésiphon, et continuateur du temple d'Ephèse, ayant à faire transporter à Ephèse les pierres qui devaient former les architraves du temple, engagea ces pierres entre deux roues qui avaient douze pieds de diamètre, et qui, par leur voisinage, ne formaient, pour ainsi dire, qu'un même cylindre.

Je pourrais citer une multitude d'autres exemples du génie des anciens dans la mécanique pratique ; l'art militaire seul m'en fournirait plusieurs : on sait qu'avec leurs catapultes, leurs scorpions, leurs balistes, etc. ils produisaient une partie de ces terribles effets que l'invention de la poudre n'a que trop facilités pour le malheur des hommes.

Les anciens n'ont pas été aussi heureux dans la théorie de la Mécanique. On voit, par quelques écrits d'Aristote, que ce philosophe, et à plus forte raison tous ses prédécesseurs, n'avaient que des notions confuses ou même fausses sur la nature de l'équilibre et du mouvement.

An av. J. C. 330.

La véritable théorie de l'équilibre des machines ne remonte pas plus haut qu'au temps d'Archimède, et c'est à ce grand géomètre qu'on en doit les élémens. Dans son livre *de Æquiponderantibus*, il considère une balance soutenue par un appui, et portant un poids à chaque bassin : en prenant pour base que lorsque les deux bras de la balance sont égaux, les deux poids supposés en équilibre sont aussi nécessairement égaux, il fait voir ensuite que si l'un des bras vient à augmenter, le poids qui y est appliqué doit diminuer en même raison. D'où il conclut en général que deux poids suspendus à des bras inégaux d'une balance et en équilibre, doivent être réciproquement proportionnels aux bras de la balance. Ce principe renferme, comme on sait, toute la théorie de l'équilibre du levier, et des machines qui s'y rapportent. Archimède

Statique, ou théorie de l'équilibre.

ayant de plus observé que les deux poids produisent sur l'appui de la balance la même pression que s'ils y étaient immédiatement appliqués, fait par la pensée cette substitution, et combinant la somme des deux poids avec un troisième poids, il parvient à la même conclusion pour l'assemblage des trois que pour celui des deux premiers; ainsi de suite. Par-là, il démontre de proche en proche qu'il existe, dans tout système de petits corps, ou dans tout grand corps regardé comme un tel système, un centre général d'effort qu'on appelle le *centre de gravité*. Il applique cette théorie à des exemples : il détermine la position du centre de gravité dans le parallélogramme, le triangle, le trapèze rectiligne ordinaire, l'aire de la parabole, le trapèze parabolique, etc.

On lui attribue encore la théorie du plan incliné, de la poulie et de la vis. Il avait imaginé une multitude de machines composées; mais il négligea de les décrire, et il n'en reste pour ainsi dire que la renommée.

On peut juger de l'état où était alors la théorie de la Mécanique, par le profond étonnement où il jeta le roi Hiéron, son parent, quand il lui dit qu'avec un point fixe, il soulèverait le globe de la terre : *Da mihi ubi consistam , et terram commovebo.* Cette Pappus, lib. 8, prop. X. proposition n'est cependant qu'une consé-quence fort simple de l'équilibre du levier : en allongeant l'un des bras , et diminuant à proportion le poids appliqué à son extrémité, on peut faire équilibre à un poids quelconque appliqué au bras le plus court.

Si Archimède n'eût été que le premier géo-mètre de son siècle , il aurait pu , avec ce grand titre de gloire à la main, vivre et mourir dans l'obscurité : il s'attira la plus haute considéra-tion par ses machines. Telle est la boussole, qui dirige l'estime du vulgaire , c'est-à-dire, de la presque totalité des hommes. Incapable d'apprécier les spéculations du génie, la mul-titude admire l'homme qui frappe ses sens et son imagination par des spectacles nouveaux et extraordinaires. Archimède était bien éloi-gné d'attacher le même prix à ses inventions mécaniques. Ecoutons à ce sujet Plutarque dans la vie de Marcellus. Après avoir raconté qu'au siége de Syracuse un ingénieur romain , nommé *Appius*, faisait jouer plusieurs grandes machines pour renverser les murs de la ville, il continue ainsi, suivant la traduction d'Amiot : « Archimède ne se soucioit pas de tout cela ; » comme aussi n'étoit-ce rien en comparaison » des engins qu'il avoit inventéz : non que lui

» en fit autrement cas ne compte, ni qu'il les
» eût faits comme chefs-d'œuvres pour mon-
» trer son esprit ; car c'étoient, pour la plu-
» part, jeux de la Géométrie qu'il avoit faits
» en s'esbattant par manière de passe-temps,
» à l'instance du roi Hiéron, lequel l'avoit
» prié de révoquer un petit la Géométrie de la
» spéculation des choses intellectives à l'action
» des corporelles et sensibles, et faire que la
» raison démonstrative fût un peu plus évi-
» dente et plus facile à comprendre au commun
» du peuple, en la mettant par expérience ma-
» térielle à l'utilité publique. » A la suite de ce
passage, Plutarque fait l'histoire du long retar-
dement que les machines d'Archimède apportèrent à la prise de Syracuse ; ensuite il poursuit de la sorte : « Et néanmoins Archimède a
» eu le cœur si haut et l'entendement si pro-
» fond, et où il y avoit un trésor caché de
» tant d'inventions géométriques, qu'il ne
» daigna jamais laisser par écrit aucun œuvre
» de la manière de dresser toutes ces machines
» de guerre pour lesquelles il acquit lors
» gloire et renommée, non de science hu-
» maine, mais plutôt de divine sapience :
» ains, réputant toute cette science d'in-
» venter et composer machines, et généra-
» lement tout art qui apporte quelqu'utilité à

» la mettre en usage, vile, basse et merce-
» naire, il employa son esprit et son étude à
» écrire seulement choses dont la beauté et
» subtilité ne fût aucunement mêlée avec
» nécessité ; car ce qu'il a écrit sont proposi-
» tions géométriques qui ne reçoivent point
» de comparaison à autres quelles qu'elles
» soient, pour ce que le sujet qu'elles traitent
» combat avec la démonstration, leur don-
» nant le sujet, la beauté et la grandeur ; et
» la démonstration, la preuve si exquise qu'il
» n'y a que redire, avec une force et facilité
» merveilleuse : car on ne sauroit trouver en
» toute la Géométrie de plus difficiles ni plus
» profondes matières écrites en plus simples
» et plus clairs termes, et par plus faciles
» principes que sont celles qu'il a inventées. »

Le jugement qu'Archimède portait de la
Géométrie de son temps, il l'aurait également
porté des grandes découvertes modernes dans
la Géométrie et la Mécanique rationnelle.
Toutes ces connaissances occupent incontestablement le premier rang dans l'empire des
sciences. Il n'est pas permis de placer sur la
même ligne la Mécanique pratique, puisqu'un
homme qui était tout à la fois un grand géomètre et un grand machiniste, nous le défend
d'une manière si positive ; cependant, elle

demande quelquefois beaucoup de recherche et de sagacité : et assurément un machiniste du premier ordre, tel que Vaucanson, est un homme plus rare, et mérite plus d'estime qu'un géomètre purement savant et dépourvu de l'esprit d'invention.

Il ne restait, pour compléter la Statique, qu'à développer et à généraliser les principes qu'Archimède avait donnés pour l'équilibre du levier. On ne peut pas douter qu'il n'eût lui-même étendu l'esprit de ces principes aux machines nombreuses qu'il avait imaginées, et dont il n'a pas voulu laisser la description : ses successeurs ne firent autre chose, pendant long-temps, que de se traîner sur ses pas ; et on ne voit pas qu'ils aient enrichi la Statique d'aucune proposition de théorie un peu remarquable ; mais en rapprochant des principes connus, ils produisirent par intervalles un grand nombre de machines très-utiles à la société.

Mécanique du Mouvement. Les anciens n'ont eu que les notions les plus élémentaires de la théorie du Mouvement : ils ne connaissaient que les propriétés générales du Mouvement uniforme ; ils savaient ce qu'un peu de réflexion et le simple bon sens pouvaient apprendre à tout le monde, qu'un corps se meut d'autant plus vite, qu'il parcourt plus d'espace en moins de temps, ou en d'autres termes, que la vitesse s'exprime par le rapport du nombre des mesures de l'espace parcouru au nombre des mesures du temps ; que les espaces parcourus uniformément par deux corps sont, en général, comme les produits des temps par les vîtesses : de sorte que si les temps sont égaux, les espaces sont comme les vîtesses, et si les vîtesses sont égales, les espaces sont comme les temps. Mais des connaissances si simples, si faciles, ne peuvent pas être regardées comme une science : la véritable mécanique du Mouvement est celle qui a pour objet la théorie du mouvement varié, et les lois de la communication du mouvement. Elle était inaccessible, dans son état de généralité, à la Géométrie des anciens ; elle appartient toute entière aux modernes.

CHAPITRE IV.

Origine et progrès de l'Hydrodynamique.

Si la science de la Mécanique des corps solides a été si lente à se former, celle de l'Hydrodynamique a dû l'être bien davantage; car, en supposant même qu'on fût parvenu à déterminer géométriquement les conditions de l'équilibre et du mouvement pour un système quelconque des corps solides, la même méthode n'aurait pu être appliquée directement à une masse fluide, dont on ne connaît les élémens ni pour le nombre, ni pour la figure, ni pour la grosseur. Il fallait donc que l'expérience ou une propriété particulière aux fluides vînt d'abord former, pour ainsi dire, un pont de communication d'une science à l'autre. Alors, les bases fondamentales de l'Hydrodynamique étant une fois posées, les problèmes qui en dépendent sont rappelés à la Géométrie et aux lois générales de l'Equilibre et du Mouvement, comme ceux de la Mécanique des corps solides.

Archimède est encore ici le premier qui ait pose les lois fondamentales de l'Hydrostatique, ou de cette partie de l'Hydrodynamique, qui a pour objet l'équilibre des fluides. L'ouvrage qu'il avait écrit sur ce sujet ne nous est parvenu que par une traduction que les Arabes en avaient faite, et qui a été elle-même mise en latin. Dans cet Etat, il est intitulé : *De Humido insistentibus*, et il est divisé en deux livres. Archimède prend pour base, que toutes les molécules d'un fluide étant supposées égales, également pesantes, demeureront chacune en leur place, ou que toute la masse sera en équilibre, lorsque chaque molécule en particulier sera également pressée en toutes sortes de sens. Cette égalité de pression sur laquelle il fait porter essentiellement l'état d'équilibre, est démontrée par l'expérience. L'auteur examine ensuite les conditions qui doivent avoir lieu pour qu'un corps solide, flottant sur un fluide, prenne et conserve la situation d'équilibre : il fait voir que le centre de gravité du corps et celui de la partie plongée, doivent être placés sur une même ligne verticale, et que le poids total du corps est au poids de la partie fluide déplacée, comme la pesanteur spécifique du fluide est à la pesanteur spécifique du corps ; il éclaircit cette théorie générale par divers exemples tirés du triangle, du cône, du paraboloïde, etc.

I   6

On voit facilement, par la proposition VII du premier livre, que deux corps égaux en volume, plus pesans l'un et l'autre qu'un fluide où ils sont plongés, y perdent des parties égales de leurs poids, ou que réciproquement deux corps sont égaux en volume quand ils perdent dans le fluide des parties égales de leurs poids. Je cite ce théorème, parce que l'opinion générale des mathématiciens est qu'Archimède en fit usage pour résoudre un problème fameux qui lui fut proposé par le roi Hiéron. Voici à quelle occasion.

Prob'ème de la couronne d'Hiéron.
Ce prince avait fait faire, par un orfévre de Syracuse, une couronne qui, aux termes de la convention, devait être d'or pur ; mais, soupçonnant qu'on y avait mêlé de l'argent, il eut recours à Archimède pour éclaircir la vérité, sans endommager la couronne. Il est très-vraisemblable qu'Archimède y parvint de cette manière. Il commença par déterminer deux lingots, l'un d'or pur, l'autre d'argent pur, égaux chacun en volume à la couronne, en pesant pour cela successivement dans l'eau les trois corps, c'est-à-dire, la couronne, le lingot d'or, et le lingot d'argent, et en diminuant ou augmentant par degrés le lingot d'or et le lingot d'argent, jusqu'à ce que l'un et l'autre perdissent exactement la même partie

de leurs poids que la couronne perdait du sien. Cette opération préliminaire faite, Archimède pesa hors de l'eau, ou dans l'air, les trois mêmes corps ; et ayant trouvé que la couronne pesait moins que le lingot d'or, et plus que le lingot d'argent, il conclut qu'elle n'était ni d'or pur, ni d'argent pur, mais un mélange de ces deux métaux. Il ne s'agissait plus que de découvrir la proportion du mélange. C'est à quoi il parvint, par un calcul arithmétique fort simple, qui consiste à prendre la partie d'or et la partie d'argent, dans le même rapport que l'excès du poids de la couronne sur le poids du lingot d'argent, et l'excès du poids du lingot d'or sur le poids de la couronne.

Quelques auteurs racontent qu'Archimède se trouvant aux bains quand toutes ces idées se présentèrent à lui, il en sortit aussitôt transporté de joie, et que sans songer à l'état de nudité où il était alors, il se mit à courir dans les rues de Syracuse, en criant de toute sa force : *Je l'ai trouvé ! je l'ai trouvé !*

Je n'ai pas le dessein aussi injuste que déplacé de rabaisser cette ingénieuse découverte ; mais j'observerai, en faveur de quelques lecteurs, que si la couronne, au lieu de contenir simplement de l'or et de l'argent, comme on le supposait, eût contenu plus de deux métaux,

Remarque sur cette solution.

6.

par exemple, de l'or, de l'argent et du cuivre;
on aurait pu la faire du même poids, en combinant ensemble ces trois métaux de plusieurs
manières différentes. Alors le problème serait
demeuré indéterminé, ou susceptible de plusieurs solutions.

Vie d'Archi-
mède.

La *limace*, ou la vis qui porte le nom d'Archimède, est une machine hydraulique très-
simple et très-commode pour élever les eaux
à de petites hauteurs. Selon Diodore de Sicile,
Archimède inventa cette machine dans son
voyage en Egypte, et on s'en servait pour
dessécher les marais, les fleuves, etc. ; mais
Vitruve, contemporain de Diodore, ne la
cite point au nombre des découvertes d'Archimède, dont il était néanmoins le grand
admirateur. Claude Perrault, traducteur et
commentateur de Vitruve, ajoute que *l'usage*

Vitr. lib. X,
chap. XI.

CÉLÈBRE *que Diodore donne à cette machine,*
qui est d'avoir servi à rendre l'Egypte habi-
table, en épuisant les eaux dont elle était
autrefois inondée, peut faire douter qu'elle
ne fût beaucoup plus ancienne qu'Archimède.
Si cette conjecture a quelque fondement, ne
mêlons point aux possessions légitimes d'Archimède une invention qu'on peut lui contester:
il est trop riche à d'autres égards, pour ne pas
faire ici le sacrifice d'un droit équivoque.

Environ un siècle après Archimède, deux mathématiciens de l'école d'Alexandrie, Ctésibius et Héron son disciple, inventèrent les pompes, le syphon recourbé, et la fontaine de compression, qu'on appelle encore aujourd'hui *la fontaine de Héron*. On doit plus spécialement à Ctésibius une machine du même genre, composée de deux pompes aspirantes et foulantes, de telle manière que par leur action alternative, l'eau est sans cesse aspirée et poussée dans un tuyau montant intermédiaire. Toutes ces machines ont, comme on sait aujourd'hui, pour véhicule du principe moteur, la pression de l'atmosphère, qui soulève l'eau dans l'espace vide que laisse le piston en montant, ou en descendant. Les effets qu'elles produisent sont très-curieux, et durent paraître d'abord bien extraordinaires. Aussi les anciens ne sachant à quoi les attribuer, eurent recours à leur grand système des qualités occultes, si commode pour expliquer tous les phénomènes de la nature. L'eau monte dans les pompes, disaient-ils, parce que la nature abhorre le vide, et qu'aussitôt que le piston s'élève, la place qu'il abandonne doit être occupée par l'eau. Toute la physique des anciens était remplie de ces puissances secrètes qu'on diversifiait à l'infini, suivant le

An. av. J.-C. 152.

Machines hydrauliques de Ctésibius et Héron.

Explications ridicules que les anciens en donnent.

besoin. On transportait du monde moral au monde physique les idées d'affection ou de haine ; les corps célestes ou terrestres avaient les uns pour les autres de la sympathie ou de l'antipathie, et on croyait expliquer un phénomène quand on pouvait le ranger, d'une manière ou d'autre, sous l'empire de ces agens chimériques.

On fait remonter jusqu'aux Egyptiens la mesure du temps par les *clepsydres* ou *horloges d'eau*. Ces horloges indiquaient l heure par les élévations successives de l'eau qui entrait dans un vase, en quantités réglées suivant les divisions du temps, ou par le mouvement d'une aiguille que cette eau faisait tourner au moyen d'une roue et d'un engrenage. Ctésibius et plusieurs autres anciens ont proposé des machines de ce genre, comme on peut le voir dans Vitruve. Les sabliers furent dans la suite substitués aux clepsydres.

Le tympan, la roue à godets et les chapelets sont des machines hydrauliques qui nous viennent aussi des anciens ; mais on ignore le temps où elles ont commencé à être mises en usage.

Avant l'invention des moulins mus par l'eau, ou par le vent, on se servait de pilons pour écraser le bled et le réduire en farine ;

ensuite on employa deux meules, l'une inférieure et immobile, l'autre tournante au-dessus,
par la force immédiate des bras, ou par l'inter-
vention d'une corde qui s'enveloppait autour
d'un cabestan : d'où l'on donna à ces moulins les
noms de *moulins à bras*, de *moulins à ma-
nége*. Les Romains en faisaient un grand
usage dès l'origine de la république, et sans
doute ils les tenaient des anciens peuples. Sous
leurs rois de la première race, les Français
les employaient également avec succès. Dans
la suite, on les a trop abandonnés ; car non-
seulement ils peuvent suppléer au chomage
des moulins à eau et à vent par les temps de
fortes gelées ou de calme dans l'air, mais encore ils peuvent être utiles dans une ville
assiégée : ils peuvent, dans tous les temps,
faire servir, au profit de l'état, les forces perdues par les hommes vigoureux détenus dans
les prisons des grandes villes.

Une épigramme de l'anthologie grecque a
donné lieu de croire que les moulins à eau
ont été inventés au temps d'Auguste ; mais
Vitruve, qui florissait sous ce prince, ne
dit point, dans la description qu'il en donne,
qu'ils fussent alors une invention récente :
vraisemblablement ils étaient connus long-
temps auparavant.

Moulin à eau.

Les moulins à vent sont venus beaucoup plus tard. Quelques auteurs prétendent que les Français les ont imaginés dans le sixième siècle de l'ère chrétienne; d'autres assurent que les croisades nous les ont apportés de l'Orient, où ils étaient déjà très-anciens, et où on les préfère aux moulins à eau, parce que les sources et les rivières sont plus rares en ces pays qu'en Europe. Que nous les ayons inventés ou reçus, il est certain que l'usage ne s'en est établi parmi nous, qu'avec assez de peine et de lenteur. Nous préférons à notre tour les moulins à eau, comme d'un service plus commode et d'un mouvement plus régulier.

Je ne puis m'empêcher de remarquer en passant que le mécanisme des moulins, surtout celui des moulins à vent, est un des chefs-d'œuvres de l'industrie humaine.

En voyant tant de travaux, tant de monumens du génie, l'homme sensible et reconnaissant demande : A qui doit-on toutes ces découvertes utiles et sublimes ? Quels honneurs, quelles récompenses ces bienfaiteurs de l'humanité ont-ils reçu de leur pays, du monde entier ? L'histoire ne répond ordinairement rien à ces questions; mais elle a grand soin de nous transmettre les noms et les exploits des conquérans qui ont ravagé la terre.

Il y avait un temps considérable qu'on faisait servir l'action des fluides de principe moteur dans plusieurs machines, sans qu'on sût
déterminer ses effets par la théorie. Les vices
d'une machine étaient des leçons pour en construire une autre moins défectueuse, et à force
de tâtonnemens et d'expériences, on arrivait
par degrés à une certaine perfection. On attribue à *Sextus-Julius Frontinus* (vulgairement
appelé *Frontin*) les premières notions un peu
distinctes qu'on ait eues du mouvement des
fluides. Inspecteur des fontaines publiques à
Rome, sous les empereurs Nerva et Trajan,
il a laissé à ce sujet un ouvrage intitulé : *De
Aquæductibus urbis Romæ commentarius.*
Il y considère le mouvement des eaux qui
coulent dans des canaux, ou qui s'échappent
par des orifices des vases où elles sont conte-
nues; il décrit d'abord les aqueducs de Rome,
cite les noms de ceux qui les ont fait construire,
et les époques de leurs constructions : ensuite
il fixe et compare ensemble les mesures ou
modules dont on se servait alors à Rome pour
déterminer les produits des ajutages. De-là il
passe aux moyens de distribuer les eaux d'un
aqueduc ou d'une fontaine. Il fait des observations vraies sur ces différens objets; par
exemple, il a vu que le produit d'un ajutage

Du mouve-
ment des flui-
des.

An de J. C.
100.

ne doit pas seulement s'évaluer par la grandeur ou superficie de cet ajutage, et qu'il faut
de plus tenir compte de la hauteur du réservoir : considération très-simple et cependant
négligée par quelques fontainiers modernes. Il
a senti pareillement qu'un tuyau destiné à dé-
river en partie l'eau d'un aqueduc, doit avoir,
selon les circonstances, une position plus ou
moins oblique par rapport au cours du
fluide, etc. Mais on ne trouve d'ailleurs aucune précision géométrique dans ses résultats;
il n'a point connu la vraie loi des vitesses relativement aux hauteurs des réservoirs.

Aucun autre ancien auteur n'a écrit, d'une
manière un peu exacte, sur le mouvement des
fluides : la découverte de cette théorie appartient aux modernes.

CHAPITRE V.

Origine et progrès de l'Astronomie.

Je ne fais pas remonter l'Astronomie jusqu'aux premiers hommes qui commencèrent à observer les phénomènes célestes d'une manière informe, sans règles et sans principes. La véritable Astronomie ne date que du temps où les observations deviennent assez exactes, assez nombreuses pour fournir à l'Arithmétique, à la Géométrie et à la théorie générale du mouvement uniforme les élémens d'où dépend la détermination du cours des astres, et de leurs positions respectives dans les espaces célestes.

Aussitôt que l'on commença à mettre une certaine suite dans les observations, on vit que la lune, le soleil et les étoiles faisaient chaque jour * une révolution d'Orient en

---

* On entend par *jour*, dans l'Astronomie, l'intervalle qui répond à une révolution entière du soleil, ou qui comprend le jour ordinaire et la nuit. Les mouvemens dont il s'agit ne sont qu'apparens pour les étoiles et même pour le soleil ; mais nous sommes obligés de parler le langage de l'ancienne Astronomie.

Occident. On reconnut également que les étoiles conservaient toujours entr'elles la même position, la même marche dans le ciel, mais que la lune et le soleil se levaient, d'un jour à l'autre, plus tard que les étoiles, et à des intervalles inégaux : d'où l'on tira d'abord cette conséquence très-simple, qu'en même temps que ces deux astres participaient à la révolution journalière de toute la sphère céleste, ils avançaient d'Occident en Orient, par des mouvemens propres et différens. Ces deux derniers mouvemens forment ce qu'on appelle les *lunaisons* et les *années solaires*. La lune paraissait faire environ douze tours pendant que le soleil n'en faisait qu'un seul. De-là, pour établir une correspondance entre les mouvemens de ces deux astres, on divisa l'année solaire en douze parties ou mois, qui comprenaient autant de lunaisons. Ces premières déterminations n'étaient que des à-peu-près qui furent ensuite rectifiés, perfectionnés à mesure que les observations devenaient plus exactes *.

---

* Je crois devoir donner ici des notions justes des révolutions solaires et lunaires, telles qu'on les connaît aujourd'hui, d'après le résultat de toutes les observations anciennes et modernes.

La plupart des anciens peuples réglaient la mesure du temps sur le cours du soleil;

On distingue trois sortes d'années solaires, et quatre sortes de mois lunaires.

Les trois années solaires sont l'année *tropique*, intervalle d'un retour du soleil à un même point de l'écliptique, à un même colure, à un même solstice, etc.; elle est de 365 jours 5 heures 48 minutes 48 secondes: l'année *sydérale*, intervalle d'un retour du soleil à une même étoile; elle est de 365 jours 6 heures 9 min. 10 secondes: l'année *anomalistique*, intervalle d'un retour du soleil à la même abside; elle est de 365 jours 6 heures 15 minutes 46 secondes. Par le simple mot *année*, on entend toujours l'année tropique; les autres espèces d'années doivent être spécialement désignées par leurs caractères.

Les quatre espèces de mois lunaires sont le mois *périodique*, intervalle d'un retour de la lune au premier point du bélier; il est de 27 jours 7 heures 43 minutes 5 secondes: le mois *sydéral*, intervalle d'un retour de la lune à la même étoile; il est de 27 jours 7 heures 43 min. 12 secondes: le mois *synodique*, intervalle du retour de la lune au soleil; il est de 29 jours 12 heures 44 minutes 3 secondes: le mois *anomalistique*, intervalle d'un retour de la lune à son apogée; il est de 27 jours 13 heures 18 minutes 54 secondes. On a aussi quelquefois besoin de connaître la révolution de la lune à l'égard de l'un de ses nœuds; elle est de 27 jours 5 heures 5 minutes 35 secondes. On voit que, dans la comparaison de l'année solaire et du mois lunaire, il faut toujours entendre le mois synodique.

quelques autres sur celui de la lune. Les Ba-
byloniens faisaient commencer le jour au lever
du soleil ; les Athéniens et les Juifs, à son cou-
cher : de l'une ou de l'autre manière, les
temps de la présence du soleil au-dessus de
l'horizon d'un lieu donné, étant inégaux d'un
jour à l'autre à cause de l'inclinaison réciproque de l'équateur et de l'écliptique, on
éprouvait quelque difficulté lorsqu'on voulait
en faire la comparaison. Les Egyptiens comptaient le jour d'un minuit à l'autre, et ils le
divisaient en un certain nombre de parties
égales, ou d'*heures égales*, auxquelles on
rapporte facilement tous les temps qu'on
veut connaître. Cet usage a été adopté dans
plusieurs autres pays. On le suit en France,
en Angleterre, en Espagne, pour les occupations de la vie civile. Copernic et les astronomes, ses contemporains, l'employaient également dans leurs calculs. Depuis environ deux
cents ans, les astronomes ont trouvé plus
commode de fixer le commencement du jour
à midi.

Le soleil, auteur de la chaleur et de la fer-
tilité de la terre, amène alternativement les
saisons, et l'ordre des semailles et des récoltes.
On a donc toujours été obligé de se conformer
à cette loi invariable de la nature. D'autres

travaux peuvent permettre une distribution un
peu arbitraire dans l'emploi du temps. Chez les
Juifs, la lune, par la promptitude de ses révolutions et par ses phases, servait à régler plusieurs affaires civiles et religieuses.

Le spectacle de l'ancienne Astronomie pré-
senterait un important objet de curiosité et de
réflexions philosophiques, si l'on pouvait
fixer, d'une manière précise et un peu détaillée, les progrès que les peuples adonnés à
cette science y avaient faits ; on y remarque-
rait sans doute une grande diversité de vues,
de recherches et de connaissances, à raison
des climats, du génie des peuples et des gou-
vernemens. Privés de ces avantages par la
disette des monumens historiques ; nous
sommes réduits à n'offrir aux lecteurs que
des notions imparfaites des travaux astronomiques des anciens peuples : nous nous inter-
dirons même les conjectures dénuées de probabilités satisfaisantes.

Les Chaldéens, selon Simplicius *, citaient
au temps d'Alexandre une suite d'observations de 1903 ans ; elles furent recueillies à

*Astronomie
chaldéenne.*

---

* Simplicius était un philosophe péripatéticien qui
vivait dans le cinquième siècle, et dont il reste des
commentaires sur *Aristote* et sur *Épictète.*

Babylone par Callistène, disciple d'Aristote,
et envoyées à ce dernier par ordre d'Alexandre.
On n'a point de preuve directe et positive de
l'exactitude, ni même de la réalité de toutes
ces observations ; de plus, il y a des auteurs du
temps d'Alexandre, dont le témoignage paraît
contredire formellement le récit de Simplicius. Quoi qu'il en soit, on ne peut guère
douter que les anciens Chaldéens ne fussent
très-versés dans la connaissance des mouvemens du soleil et de la lune ; les plus anciens
historiens, et en particulier Géminus dont
je parlerai plus expressément ci-dessous,
assurent qu'ils étaient parvenus à former diverses périodes lunisolaires * fort ingénieuses
et fort approchantes de la vérité : c'était,
ajoutent-ils, le résultat de supputations astronomiques, fondées sur un grand nombre
d'observations exactes. On cite entr'autres la
période du *Saros*, laquelle, après 223 lunaisons, ramenait la lune presque dans la même

---

* Les périodes lunisolaires sont des espaces de temps
après lesquels le soleil et la lune, ou deux points remarquables de leurs orbites, tels que l'apogée, les
nœuds, etc. étant supposés partis d'un même endroit
du ciel, viennent à s'y retrouver.

position relativement à son nœud, à son apogée et au soleil. Je n'entrerai pas dans la discussion de ces périodes dont les fondemens paraissent souvent fort incertains. L'Astronomie chaldéenne ne commence à offrir des résultats sûrs et positifs qu'à dater de l'ère de Nabonassar, premier roi de Babylone, lors du second empire des Assyriens. Cette époque répond à l'année 747 avant Jésus-Christ. Ptolomée, qui florissait vers l'an 140 de notre ère, et qui fut, comme nous le verrons dans la suite, l'un des plus grands astronomes de l'école d'Alexandrie, a employé dans ses calculs trois observations d'éclipses de lune faites par les Chaldéens, dans les années 27 et 28 de l'ère de Nabonassar. Ils s'adonnaient spécialement à ce genre d'observations; et le même Ptolomée en rapporte encore quatre autres, dont la dernière répond à l'année 380 de l'ère de Nabonassar, ou à l'année 367 avant l'ère chrétienne. La révolution qui fit passer le royaume de Babylone sous le joug des Persans, environ deux cent dix ans après sa fondation, ne fut pas funeste à l'Astronomie. Les Persans eux-mêmes devinrent observateurs. Dès le règne de Darius Occhus, ils comptaient le temps par les révolutions solaires, et ils avaient établi une forme de calendrier fort

An av. J C.
516.

I.   7

simple, cité avec éloge par quelques anciens auteurs.

Nous avons très-peu de lumière sur l'état de l'ancienne Astronomie égyptienne. On présume seulement, avec beaucoup de vraisemblance, qu'elle devait être fort avancée. Diogène de Laerce s'exprime à ce sujet comme il suit : « Les Égyptiens avancent que Vulcain,

» qu'ils font fils de Nilus, traita le premier
» la philosophie, dont ils appelaient les maî-
» tres du nom de *mages* et de *prophètes :* ils
» veulent que depuis lui jusqu'à Alexandre,
» roi de Macédoine, il se soit écoulé qua-
» rante-huit mille huit cent soixante-trois
» ans, pendant lesquels il y eut cent soixante-
» treize éclipses de soleil, et huit cent trente-
» deux de lune. »

La proportion de 173 à 832 est à peu près celle des nombres d'éclipses de soleil et de lune qui arrivent dans un même temps et dans un même lieu ; ainsi, à cet égard, le récit de Diogène peut être exact. Mais le calcul astronomique démontre que toutes ces éclipses ont pu arriver dans un intervalle de douze à treize cents ans : par conséquent, le nombre 48863 ans est visiblement fabuleux. On doit donc seulement conclure que l'époque des premières observations égyptiennes ne peut

remonter qu'à seize ou dix-sept cents années
avant l'ère chrétienne.

Il existe d'autres preuves plus certaines du
savoir des Égyptiens dans l'Astronomie. La
manière exacte dont ils avaient orienté leurs
fameuses pyramides, par rapport aux quatre
points cardinaux du monde, fait voir qu'ils
avaient une connaissance juste de la ligne méridienne. Toute l'antiquité atteste qu'ils sont
les premiers auteurs de la division de l'année
en douze mois de trente jours : à quoi ils recon-
nurent bientôt qu'il fallait ajouter cinq jours
complémentaires, et au bout d'une période de
quatre ans encore un jour complémentaire. La
division des mois en semaines est aussi de leur
invention. Nous ne pouvons trop regretter la
perte de leurs écrits. J'ajouterai néanmoins que
ces regrets doivent porter principalement sur
les écrits des premiers Égyptiens ; car, au
temps de Strabon, la science des mages était
tellement tombée, qu'ils ne s'occupaient plus
que des sacrifices, et qu'à en expliquer les différentes cérémonies aux étrangers.

On sera sans doute surpris de voir paraître *Astronomie*
les Juifs sur la scène, comme astronomes. Il *judaïque.*
ne tient pas à leur historien Flavius Josèphe,
qu'on ne regarde les patriarches de sa nation, *Ant. judaï-*
comme les inventeurs de l'Astronomie et de la *ques, liv. Ier.*

Géométrie. Voici comment il s'exprime (chapitres II et III), suivant la traduction d'Arnaud-d'Andilli : « On doit à leur esprit et à
» leur travail la science de l'Astrologie * ; et
» parce qu'ils avoient appris d'Adam que le
» monde périroit par l'eau et par le feu , la
» crainte qu'ils eurent que cette science ne se
» perdît avant que les hommes en fussent ins-
» truits, les porta à bâtir deux colonnes, l'une
» de brique et l'autre de pierre , sur lesquelles
» ils gravèrent les connoissances qu'ils avoient
» acquises , afin que s'il arrivoit qu'un déluge
» ruinât la colonne de brique , celle de pierre
» demeurât pour conserver à la postérité la
» mémoire de ce qu'ils y avoient écrit. Leur
» prévoyance réussit ; et on assure que cette
» colonne de pierre se voit encore aujour-
» d'hui dans la Syrie. . . . . . Outre que nos
» anciens pères étoient particulièrement chéris
» de Dieu , et comme l'ouvrage qu'il avoit
» formé de ses propres mains , et que les
» viandes dont ils se nourrissoient étoient
» propres à conserver la vie, Dieu la leur
» prolongeoit, tant à cause de leur vertu,
» que pour leur donner moyen de perfec-

---

* Le mot *Astrologie* est ici synonyme avec *Astronomie*.

» tionner les sciences de la Géométrie et de
» l'Astronomie qu'ils avoient trouvées : ce
» qu'ils n'auroient pu faire s'ils avoient vécu
» moins de six cents ans, parce que ce n'est
» qu'après la révolution de six siècles que
» s'accomplit la grande année. » Quelques
réflexions fort simples vont nous mettre en
état d'apprécier tout ce beau récit.

Je n'examinerai point s'il est bien prouvé
que les patriarches juifs aient vécu aussi
long-temps que Josèphe le rapporte; j'entre-
prendrai encore moins de pénétrer les raisons
que Dieu peut avoir eues de leur accorder
une si longue vie: je me borne à faire quelques
questions à Josèphe.

Si vos patriarches ont été en effet de si
grands astronomes, pourquoi tout leur savoir
s'est-il évanoui, et comment n'a-t-il pas été
transmis à la postérité par Noé, qui était lui-
même un patriarche distingué, et sans doute
l'un des plus instruits ? Pourquoi les Juifs
n'ont-ils jamais montré la moindre connaissance de l'Astronomie dans des occasions où
elle leur eût été très-utile? Pourquoi, par
exemple, quand il s'agissait de fixer la célé-
bration de la Pâque par la nouvelle lune,
attendait-on que quelqu'un l'eût observée,
et en eût fait son rapport à l'assemblée du

peuple, tandis qu'une Astronomie un peu
perfectionnée l'aurait fait connaître d'une
manière beaucoup plus simple et plus précise ? Que prouve l'absurde fable des deux
colonnes ?

Quant à la période de six cents ans, quoiqu'elle ne mérite peut-être pas tous les éloges
que des écrivains modernes lui ont donnés, et
qu'un des principaux avantages d'une période
soit d'être renfermée entre des limites peu éloignées, j'avoue cependant que celle dont il
s'agit supposerait un grand nombre d'observations exactes, et un savant usage du calcul
astronomique ; mais par cela même je pense
qu'on ne peut pas en attribuer la découverte
(si elle est réelle) aux patriarches juifs. En
effet, qui croira jamais qu'une nation dont
les pères auraient été capables d'un tel effort
d'attention et de savoir, se fût abâtardie, fût
dégénérée au point que depuis le déluge et
tant qu'elle a vécu séparée des autres peuples,
elle ne montre plus que la plus honteuse su-
perstition et la plus stupide ignorance ? Car
quel autre jugement peut-on porter, quand
les historiens, qu'elle regarde comme sacrés,
vous disent froidement que Josué arrêta le soleil ; que l'ombre du cadran d'Ézéchias rétro-
grada de dix degrés ; que les plantes se forment

par la putréfaction, et mille autres absurdités de la même force ? N'est-il pas très-vraisemblable que Josèphe, par un zèle aveugle pour sa nation, ou par d'autres raisons qu'on ignore, a cherché à lui faire honneur d'une découverte vraie ou supposée, dont il avait lui-même puisé l'idée dans les écrits des astronomes chaldéens, égyptiens ou grecs ?

Lorsque les Juifs furent emmenés captifs à Babylone, sous Nabuchodonosor, leurs communications avec des peuples instruits leur fit naître nécessairement quelque goût pour les sciences : plusieurs de leurs rabins commencèrent à étudier la Géométrie, l'Astronomie, l'Optique, etc. Ces premières connaissances, quelque faibles qu'elles fussent, s'étendirent et se perpétuèrent. Dans la suite, la dispersion totale des Juifs, après la prise de Jérusalem par les Romains, en fit comme un peuple nouveau : ils adoptèrent les usages, les occupations, les arts, etc. des nations chez lesquelles ils furent transplantés. On trouve des mathématiciens juifs dans la Grèce; il s'en mêle parmi les Arabes. Ils traduisirent les élémens d'Euclide, les ouvrages d'Archimède, ceux d'Apollonius, l'Almageste de Ptolomée. On cite même plusieurs rabins fort savans dans ces matières; mais on ne voit pas qu'ils y aient jamais fait

aucune découverte importante et véritablement utile aux progrès de l'esprit humain.

Astronomie
chinoise.

Les Chinois se présentent avec plus d'avantages. La sagesse de leurs institutions politiques, l'excellence de leur morale, un usage
immémorial des arts libéraux et mécaniques
utiles à la société; tout annonce un peuple
appliqué, industrieux, versé dans les sciences
depuis un très-grand nombre de siècles. L'Astronomie surtout attira ses premiers regards,
le climat qu'il habite étant très-favorable aux
observations. Mais peu contens d'une antiquité honorable et avouée par l'histoire, les
Chinois l'ont tellement exagérée, qu'on ne
pourrait y ajouter foi, quand même elle serait
appuyée sur des fondemens aussi solides,
aussi certains, qu'ils sont réellement fragiles
et controuvés. Je me vois donc obligé de
combattre des prétentions qu'on ne peut adopter sans fermer les yeux à des vérités incontestables qu'elles contredisent.

D'abord les anciennes annales des Chinois
ne contiennent qu'un amas de fables absurdes,
qu'eux-mêmes ont été forcés d'abandonner;
mais ils persistent à soutenir, sur la foi de
quelques-uns de leurs auteurs qu'ils supposent fort instruits, que la nation chinoise,
déjà florissante, a commencé à connaître les

mouvemens des corps célestes sous l'empereur
Yao, antérieur d'environ 2500 ans à l'ère
chrétienne. Ils placent vers la même époque la
fondation de leur fameux tribunal des Mathématiques, toujours subsistant, malgré les re-
vers qu'il a éprouvés dans une si longue suite
de siècles. Les missionnaires envoyés à la
Chine vers la fin du dix-septième siècle,
pour y prêcher la religion chrétienne, en-
traînés par quelques apparences de vérité,
ou par un sentiment de condescendance à
la faiblesse d'un peuple vain qu'ils voulaient
convertir et qu'il ne fallait pas choquer, adoptèrent sa merveilleuse histoire et la répandirent dans toute l'Europe. Pendant très-long-
temps on ne s'est pas fort empressé d'en examiner l'authenticité. A la fin, cependant, l'œil
de la critique s'est ouvert sur cet étrange système, et deux terribles adversaires, la Chronologie et l'Astronomie, ont réuni leurs forces
pour le renverser.

Je dis 1°. la *Chronologie*. On a reconnu
que la succession des empereurs, à partir de
l'époque d'où l'on suppose que l'histoire chinoise devient certaine, forme plusieurs lacunes considérables ; que la plupart de ces
princes ne sont connus que par leurs noms
vrais ou prétendus ; que les faits historiques

Mém. de l'ac-
des belles-let.,
tome XXXVI,
page 164.

sont de la plus grande stérilité, et quelquefois d'une absurdité manifeste ; que l'ordre des dates y présente de nombreuses contradictions ; qu'enfin l'histoire chinoise n'acquiert de la suite et un caractère de certitude, que du temps de Confucius, c'est-à-dire, que vers l'année 460 avant l'ère chrétienne.

2°, L'*Astronomie*. Les défenseurs de l'antiquité des Chinois dans les sciences, ont cru trouver dans le Chou-King, fragment des anciennes annales chinoises recueillies par Confucius, la mention d'une observation des solstices, faite du temps de l'empereur Yao, et d'une éclipse de soleil presqu'aussi ancienne ; mais ce récit est si obscur et si peu détaillé, que les astronomes européens, ayant entrepris de soumettre au calcul les apparitions de ces phénomènes, n'ont pu parvenir à s'accorder dans les résultats. L'observation des solstices n'a aucune date précise, aucun signe de vérité: l'éclipse est placée par les uns en l'année 2154 avant Jésus-Christ, par les autres en l'année 2007. On cite encore une observation très-incertaine des solstices entre les années 1098 et 1104 avant l'ère chrétienne. La plus ancienne observation chinoise à laquelle on pourrait accorder quelque autorité, serait celle d'une éclipse de soleil qu'on suppose avoir été faite l'année 776 avant Jésus-Christ, si l'on était bien certain d'ailleurs qu'elle n'a pas été calculée après coup.

Les annales recueillies par *Se Ma-Couang*, historien chinois du onzième siècle, marquent sous le règne de l'empereur *Tchouene-Yo*, qui commença cent cinquante ans avant celui d'Yao, une conjonction de cinq planètes, Saturne, Jupiter, Mars, Vénus et Mercure, dans la constellation que les Chinois appellent *Ché*; et pour caractériser cette conjonction, on ajoute l'année du cycle où elle a dû arriver, le jour de la syzigie et la position de cette syzigie par rapport à la constellation de Ché. D'après ces indications, M. Kirch, astronome de Berlin, et après lui le P. de Mailla, jésuite, ayant calculé, par les tables astronomiques, les conjonctions des planètes qui peuvent avoir eu lieu dans les temps anciens, ont trouvé une conjonction des quatre planètes, Saturne, Jupiter, Mars et Mercure, dans un espace de plusieurs degrés aux environs de la constellation de Ché en l'année 2449 avant l'ère chrétienne; mais outre que cette prétendue conjonction est incomplète, puisqu'il y manque Vénus, elle ne satisfait point aux conditions de l'année du cycle, ni de la syzigie, ni de la position de la syzigie. Dominique

Mém. de l'ac. des belles-let., tom. X. p. 353.

Id. tom XVIII, pag. 384.

Cassini a placé la même conjonction en l'année 2012; et son calcul donne plus exactement que les deux autres, la position des quatre planètes dans la constellation de Ché, mais il ne satisfait pas mieux aux autres conditions du problème. On a fait encore quelques tentatives aussi infructueuses pour tout concilier. Toutes ces incertitudes sont une forte probabilité que les Chinois n'ont jamais observé de conjonction des cinq planètes. Il est très-possible qu'elle ait été supposée par esprit de flatterie; car les Chinois, regardant les conjonctions des planètes comme un présage heureux pour les règnes de leurs empereurs, ne se font pas scrupule d'en forger quelquefois, ou de se rendre peu difficiles sur les conditions : témoin ce qui arriva en l'année 1725, la seconde année du règne de l'empereur Yong-Tching, où l'approximation de Mercure, Vénus, Mars et Jupiter fut donnée comme une conjonction, et inscrite comme telle dans les registres publics. L'opinion du P. Gaubil, jésuite, savant missionnaire astronome, est que la prétendue conjonction sous l'empereur Tchouene-Yo, n'a point d'autre fondement qu'un calendrier publié sous la dynastie des *Han*, qui commença à régner l'an 207 avant Jésus-Christ, et regardé, par les plus habiles chinois, comme une pièce supposée, laquelle même ne contient pas dans le texte la conjonction dont il s'agit, mais seulement dans une glose qui s'y est glissée au-dessus. Fréret achève de démontrer que ce *calendrier est l'ouvrage de quelque faussaire malhabile, qui ne savait pas même calculer.*

H. tom. XVIII, pag 239.

Il paraît certain que l'Astronomie chinoise ne date véritablement, et d'une manière positive, que de l'année 722 avant Jésus-Christ, c'est-à-dire, postérieurement de vingt-cinq ans à l'ère de Nabonassar. Dans l'ouvrage intitulé *Tchu-Tsee*, Confucius marque, depuis cette époque jusqu'à l'an 480 avant l'ère chrétienne, une suite de trente-six éclipses, dont trente-une ont été vérifiées par les astronomes modernes. Dès lors l'Astronomie chinoise s'enrichit continuellement de nouvelles observations, fruit du travail et de la patience, non du génie ; car il y a tout lieu de penser que les Chinois n'ont jamais été fort versés dans le calcul astronomique, et qu'ils ont eu souvent recours à des astronomes étrangers pour étendre ou rectifier leurs connaissances theoriques. Ainsi, par exemple, au temps des califes, plusieurs astronomes mahométans passèrent à la Chine, et furent mis à la tête du tribunal des Mathématiques. Il en a été de même souvent de nos missionnaires astronomes.

Je ne dois pas dissimuler qu'on a tiré de l'époque où les observations chinoises commencent à devenir certaines, une puissante objection contre l'ancienneté de ce peuple dans les sciences. Cette époque étant postérieure à celle de Nabonassar, qui sert de base aux supputations de l'Astronomie chaldéenne et de l'Astronomie grecque, on a conclu avec vraisemblance que les astronomes de Babylone, ou ceux de la Grèce, ont porté leurs connaissances à la Chine, puisqu'on est certain d'ailleurs qu'il y a eu, vers ces temps-là, des communications entre ces peuples.

Enfin, nous avons sous les yeux une preuve frappante de la médiocrité des Chinois dans l'Astronomie. Malgré le concours de toutes les circonstances heureuses, beauté du ciel, encouragement des empereurs, qui auraient dû hâter le progrès de cette science parmi eux, elle y demeure toujours à peu près dans le même état : observations nombreuses, aucune théorie nouvelle. Attachée superstitieusement à ses anciens usages, à la stérile imitation de ses pères, à l'opinion qu'ils ont su tout ce qui était nécessaire à savoir, la nation

chinoise paraît dépourvue de cette activité in-
quiète qui cherche à étendre ses connaissances,
et qui produit les découvertes.

Quelques savans regardent l'Inde comme le
berceau de toutes les sciences, et principalement de l'Astronomie, qu'ils y font remonter
à la plus haute antiquité. Ils citent en preuves
les fameuses périodes indiennes, qui ne per-
mettraient pas de douter, dans le cas où elles
seraient bien exactes et bien claires, que les
Indiens ne fussent très-versés autrefois dans
la connaissance des mouvemens célestes. Mais
toute cette origine est couverte d'épaisses té-
nèbres; tout y est systématique; on n'y marche
qu'à l'appui de conjectures et de suppositions
hasardées, souvent contradictoires et toujours
incertaines.

D'autres savans, donnant peut-être dans
l'extrémité opposée, prétendent que l'Astronomie indienne, loin d'avoir une origine si
reculée, est l'ouvrage des Arabes, qui la trans-
portèrent dans l'Inde vers le milieu du neuvième siècle.

Une troisième opinion plus vraisemblable,
place l'origine de l'Astronomie dans l'Inde, au
temps où Pythagore voyagea dans ce pays, et
y répandit les connaissances philosophiques de
tous les genres, dont il était rempli.

Astronomie
indienne.

An av J C.
140.

Mon dessein n'est pas de m'enfoncer dans ces longues et ténébreuses discussions, d'où il résulterait sans doute beaucoup d'ennui et peu d'instruction pour mes lecteurs. Je me borne à présenter ici un tableau très-succinct des connaissances un peu certaines que nous avons sur l'Astronomie siamoise, et sur l'Astronomie de la côte de Coromandel, par les ouvrages de Dominique Cassini et de Le Gentil.

Astronomie
siamoise.

M. de la Loubère, ambassadeur de France à Siam, en 1687, rapporta de son voyage un manuscrit indien, qui contenait une méthode pour calculer les mouvemens du soleil et de la lune. Cette méthode était fondée sur une multitude d'additions, de soustractions, de multiplications et de divisions, dont on ne pouvait découvrir l'esprit et les usages qu'avec le secours de profondes connaissances astro-nomiques. Le célèbre Dominique Cassini par-vint à débrouiller ce chaos. Il y démêla deux différentes époques, l'une civile, qui répon-dait à l'année 544 avant Jésus – Christ ; l'autre astronomique, qui répondait à l'année 633 après Jésus – Christ. Suivant ses explications, les Indiens connaissaient, vers le temps de la première époque, la distinction de l'année so-laire tropique et de l'année anomalistique,

Anciens mém.
de l'académie
des sciences,
tom. VIII.

l'équation du centre de l'orbite solaire, les deux principales équations de la lune, et le cycle de dix-neuf années solaires qui comprend deux cent trente-cinq lunaisons. Toutes ces théories n'auraient pu être que le résultat d'une longue suite d'observations exactes : mais on conjecture que Dominique Cassini, par une illusion de son profond savoir, a plutôt soupçonné ou introduit, qu'il n'a réellement trouvé ces théories dans le manuscrit indien. Du reste, ceux qui voudraient s'appuyer de cette autorité de Dominique Cassini, pour reculer l'origine de l'Astronomie indienne, ne pourraient la faire remonter qu'au temps de Pythagore ; et alors il est possible que ce philosophe ait enseigné l'Astronomie aux Indiens, comme je l'ai déjà remarqué. Les Siamois de notre temps ont bien dégénéré du savoir réel ou prétendu de leurs pères, car à peine savent-ils calculer grossièrement une éclipse.

Dans un séjour de vingt-trois mois que Le Gentil, astronome de l'académie des sciences, fit à Pondichéry, il y a environ trente ans, il eut occasion de s'instruire de l'Astronomie des Brames, qu'il ne faut pas confondre avec celle des Siamois et dont je vais donner une idée générale, d'après le

Astronomie des Brames.

I.   8

compte qu'il en a rendu à l'académie et au public.

On sait que la presqu'île de l'Inde, en-deçà du Gange, est habitée par deux nations très-différentes : la côte occidentale l'est par les Malabares, qui lui ont donné leur nom ; et la côte orientale, nommée aussi la côte de Coromandel, où est situé Pondichéry, est habitée par les Indiens talmouds. Les Brames, originaires de Tanjaour et du Maduré, forment la première caste, la caste privilégiée de ces derniers Indiens : l'autre caste est comme esclave. Tout passage d'une caste à l'autre est sévèrement interdit par les lois. Celle des Brames est la seule instruite : l'ignorance, l'abjection et le mépris sont le partage de la seconde.

On peut juger de l'Astronomie des premiers Brames par celle d'aujourd'hui. Depuis très-long-temps les Brames n'observent plus : l'Astronomie n'est pour eux qu'une science de tradition, à laquelle ils n'ont ajouté aucune vue nouvelle, aucune découverte qui lui ait fait faire le moindre pas : leur objet principal est la connaissance des mouvemens du soleil et de la lune, qu'ils calculent par les méthodes de leurs pères.

L'ancienne Astronomie des Brames était

un chaos d'observations informes, lorsqu'un de leurs rois, nommé *Salivagena* ou *Salivaganam*, dont on place la mort vers l'an 78 de l'ère chrétienne, y fit une réforme considérable, et la porta au degré d'avancement où elle est demeurée. Le règne de ce prince est, chez les Indiens, une époque aussi fameuse que l'est l'ère de Nabonassar chez les Chaldéens.

Les Brames sont très-vains, très-peu communicatifs, et ils se regardent comme infiniment supérieurs aux Européens dans tous les genres de connaissances. Le Gentil eut beaucoup de peine à pénétrer dans ces mystères, qu'on lui cacha d'abord avec une réserve insultante. Cependant, à force d'argent et de caresses, il parvint à prendre une idée suffisante de leur Astronomie. Il reconnut qu'elle se réduisait à cinq points principaux : l'usage du gnomon, la longueur de l'année, la précession des équinoxes, la division du zodiaque en vingt-sept constellations, et le calcul des éclipses du soleil et de la lune. Toutes ces connaissances sont extrêmement imparfaites chez les Brames, tandis que les Européens les ont portées à un très-haut degré de précision, ainsi que toutes les autres branches de l'Astronomie.

8.

Astronomie
des Phéniciens.

An av. J. C.
9..

Il n'est sans doute pas permis de placer les Phéniciens, ces premiers commerçans du monde, au nombre des astronomes. Cependant on ne peut pas nier qu'ils n'eussent d'assez grandes connaissances, au moins pratiques, du mouvement des astres, pour se conduire dans les navigations lointaines qu'ils entreprirent. Lorsqu'ils eurent le courage de se commettre en mer, ils commencèrent par diriger leurs routes relativement à certaines étoiles du Nord qu'ils ne perdaient jamais de vue. Peu à peu, et de proche en proche, ils firent de longs voyages sur la Méditerranée; ils y fondèrent des colonies; ils passèrent le détroit de Gibraltar; ils fondèrent Cadix sur les côtes d'Espagne; ils s'étendirent le long des côtes de l'Afrique : on prétend qu'ils doublèrent le cap de Bonne-Espérance, et qu'ils allèrent former des établissemens sur la côte orientale de l'Afrique, etc. Le savant Huet est entré à ce sujet dans des détails fort curieux, dans son *Histoire du Commerce et de la Navigation des anciens*, qu'on peut consulter.

Plusieurs autres peuples, imitant l'exemple des Phéniciens, ou conduits par leur propre industrie, se livrèrent à la navigation et au commerce. On connaît les colonies de

Marseille, de Tarente et de Sicile, que les anciens Grecs fondèrent, avant les grandes découvertes astronomiques par lesquelles la nation s'est acquis dans l'histoire des sciences, presque autant de gloire, et peut-être plus d'éclat, que par les ouvrages de ses géomètres.

On regarde Thalès de Milet comme le premier qui ait répandu dans la Grèce les connaissances véritablement scientifiques de l'Astronomie. Sans doute il en avait puisé les élémens dans l'Egypte ; mais il les étendit par ses propres méditations, et c'est à lui qu'il faut rapporter le mouvement remarquable qui se fit alors dans cette science, et qui alla toujours en augmentant pendant plusieurs siècles. Il apprit à ses compatriotes la cause de l'inégalité des jours et des nuits ; il leur expliqua la théorie des éclipses, et la manière de les prédire ; lui-même mit son art en pratique sur une éclipse de soleil qui arriva en effet peu de temps après, telle qu'il l'avait annoncée. Toutes ces choses parurent alors si nouvelles, si extraordinaires, qu'elles firent à Thalès la plus haute réputation, et qu'elles lui attirèrent une foule d'illustres disciples. On cite principalement dans ce nombre le philosophe Anaximandre, qui devint

Astronomie grecque.

An av. J. C. 640.

son successeur à la place de chef de l'école de Milet.

An. av. J.C.
(..).

Anaximandre eut quelqu'idée de la rondeur de la terre : on lui attribue l'invention des globes célestes et des cartes géographiques ; il fit construire à Lacédémone un gnomon, par le moyen duquel il détermina l'obliquité de l'écliptique, les solstices et les équinoxes.

Constellations.

L'avantage, ou même, en certains cas, la nécessité de reconnaître facilement les étoiles, avait fait imaginer depuis long-temps de les distribuer par groupes, ou *constellations*, comme on partage la surface de la terre habitée, en continens, royaumes, provinces, cantons, etc. Cette espèce de division ne put être d'abord que très-imparfaite, à raison de l'inexactitude inévitable dans le dénombrement des étoiles, ou dans la manière de les classer : elle fut perfectionnée par les Grecs vers le temps de Thalès et d'Anaximandre.

. Les premiers noms imposés aux étoiles avaient des étymologies tirées des instrumens du labourage, de la figure de certains animaux, de quelques pratiques utiles, etc. Les Grecs changèrent, étendirent ou perfectionnèrent cette nomenclature, quelquefois informe ou bizarre. Une imagination vive et brillante, qui dirigeait toutes les conceptions de ce peuple ingénieux, répandait des grâces et des images agréables sur la sécheresse naturelle du sujet. Par exemple, il y a une constellation composée de plusieurs étoiles fort rapprochées, et suivie d'une étoile remarquable par son éclat et sa grandeur : on appela cet amas d'étoiles la constellation des *Pléyades*, mot qui veut dire *multitude*, et la grande étoile, du nom d'homme *Orion* : on feignit que les Pléyades étaient filles d'*Atlas* et de la nymphe *Pléyone*, et qu'Orion était un géant amoureux d'elles, sans cesse occupé à les poursuivre. Tout le ciel des Grecs était ainsi plein d'emblèmes fabuleux ou historiques qui égayaient et soulageaient la mémoire sans distraire l'esprit.

Parmi les constellations, celles auxquelles répondent le soleil, la lune et les autres planètes, par leurs mouvemens vrais ou apparens d'Occident en Orient, occupent l'espace qu'on appelle le *zodiaque*. C'est une bande sphérique large d'environ seize degré. Chaque peuple a son zodiaque particulier, c'est-à-dire, un zodiaque composé d'un plus ou moins grand nombre de constellations, ou d'un plus ou moins grand nombre d'étoiles dans chaque constellation. L'opinion la plus

ancienne et la plus probable est que celui
des Grecs venait des Egyptiens : une inscription, trouvée dernièrement en Egypte, ap-
puie cette conjecture ; il prit une forme régulière au siècle de Thalès ; il s'est répandu dans
toute l'Europe, et nous n'en avons pas d'autre
aujourd'hui. Il est divisé en douze constellations, dont les noms et l'ordre d'Occident
en Orient sont exprimés par les deux vers
suivans :

Sunt Aries, Taurus, Gemini, Cancer, Leo, Virgo,
(Le Bélier) (Le Taureau) (Les Gémeaux) (Le Cancer) (Le Lion) (La Vierge)

Libraque, Scorpius, Arcitenens, Caper, Amphora, Pisces.
La Balance) Le Scorpion) (Le Sagittaire) (Le Capricorne) (Le Verseau) (Les Poissons).

Les savans ont disputé pour savoir si les cinq
planètes Saturne, Jupiter, Mars, Vénus et
Mercure étaient connues avant les Grecs. Il
est bien difficile qu'on ne les ait pas remar-
quées dès les temps les plus reculés de l'Astronomie, et que même on n'ait pas pris des
idées générales, non-seulement de leurs révolutions totales d'Occident en Orient, mais
encore des variations qui font paraître ces
mouvemens tantôt nuls, tantôt directs, tantôt
rétrogrades. Mais il est fort douteux que les
astronomes grecs, lors de la première formation de leur zodiaque, aient eu des notions

Stations, di-
rections et ré-
trogradations
des planètes.

assez justes de l'inclinaison des orbites planétaires, relativement au plan de l'écliptique,
pour comprendre ces orbites dans l'étendue
qu'on leur connaît aujourd'hui. En effet, suivant l'opinion des astronomes les plus érudits,
les premières observations précises qu'on a
faites du mouvement et des apparences de Saturne, Jupiter, Mars, Vénus et Mercure, ne
remontent que d'environ trois cents ans plus
haut que l'ère chrétienne. On n'est parvenu
qu'à force de temps et d'observations à débrouiller et à expliquer, d'une manière plau-
sible, toutes les bizarreries de ces mouvemens. Mercure, comme très-souvent plongé
dans les rayons du soleil, a présenté à cet
égard le plus de difficultés. Il est vraisemblable que le premier zodiaque des Grecs ne
comprenait que le cours du soleil et de la
lune, dont les orbites se coupent sous un
angle d'environ cinq degrés.

On sait aujourd'hui que les comètes sont,
comme la lune et la terre, des corps solides   Comètes.
et opaques, errans dans les espaces célestes,
suivant toutes sortes de directions. Les anciens
n'avaient que des idées fausses sur la nature
de ces corps ; ils les regardaient comme de
simples météores que l'Être Suprême faisait paraître de temps en temps pour mani-

fester sa colère, ou pour annoncer quelqu'é-
vénement extraordinaire. Les apparitions rares
et subites des comètes, leurs mouvemens irréguliers, ces longues *queues*, ou traînées de
lumière dont elles étaient accompagnées, et
qui se présentent sous différentes formes bizarres, commencèrent par épouvanter les yeux
et l'imagination : tout portait un peuple cré-
dule et superstitieux à placer les comètes dans
un ordre particulier de phénomènes momen-
tanés, destinés par le Créateur à des indications que l'on interprétait à volonté. Quelqu'opinion que les astronomes eussent des
comètes, ils ne se mettaient guère en peine
d'observer des corps qui, après avoir paru
sur l'horizon, pendant des temps fort courts,
disparaissaient tout à coup sans laisser espérance de retour. L'Astronomie des comètes
est une science moderne dont je parlerai
dans la suite. Ici cependant la justice demande
que je rende hommage à Sénèque : par l'effort d'une philosophie supérieure aux idées
de son siècle, il n'adoptait point les préjugés
reçus sur la nature des comètes. « Je ne suis
» pas, dit-il, de l'avis de nos philosophes ;
» je ne regarde pas les comètes comme des
» feux passagers, mais comme un des ou-
» vrages éternels de la nature. . . . . . Est-il

Senec. Nat
Quæst. lib. 7,
cap. 22, 24 et 25.

» surprenant que les comètes, spectacle si
» rare dans le monde, ne soient pas encore
» assujetties à des lois sûres, et qu'on ne
» connaisse pas le commencement et la fin
» de la révolution de ces corps, qui ne re-
» paraissent qu'au bout d'un long inter-
» valle? . . . . . Le temps et les recherches
» amèneront à la longue la solution de ces
» problèmes. . . . . Il viendra un temps où
» nos descendans seront étonnés que nous
» ayons ignoré des vérités si claires. »

L'école que Pythagore avait fondée en
Italie faisait une étude particulière de l'Astronomie. Pythagore, secondé par ses premiers disciples, démontra avec évidence la
rondeur de la terre, qu'Anaximandre n'avait
fait que soupçonner. Ayant observé qu'une
même étoile paraît s'élever ou s'abaisser, pour
un voyageur qui va d'un endroit à un autre
un peu éloigné, ils conclurent, contre le
témoignage des sens, que la surface de la
terre ne doit pas former une simple plaine
étendue en ligne droite, mais une enveloppe
courbe et sphérique. Pythagore eut une autre
idée tout aussi vraie, mais bien plus extraordinaire, eu égard au temps où il vivait: il
jugea que le soleil est immobile au centre du
monde planétaire, et que la terre tourne

Travaux des philosophes pythagoriciens dans l'Astronomie.

autour de lui dans les espaces célestes, avec les autres planètes : système qui a été développé et démontré dans les temps modernes. Mais comme cette opinion choquait alors ouvertement les apparences et les préjugés vulgaires, Pythagore se bornait à la communiquer en secret à ses disciples, soit que ne pouvant l'établir sur un nombre suffisant d'observations, il ne la regardât que comme une simple hypothèse très-vraisemblable, soit que peut-être il craignît, en la mettant au grand jour, de s'exposer à la dérision publique, ou même, ce qui était plus dangereux, de soulever contre lui l'ignorance et le fanatisme. En effet, ces deux ennemis de la raison humaine ont exercé leur despotisme et leurs persécutions dans tous les siècles : il n'est pas besoin de descendre aux temps modernes pour en trouver d'insignes exemples. On sait qu'environ cent ans après Pythagore, le philosophe Anaxagoras fut accusé d'impiété, et condamné au bannissement pour avoir dit que le soleil était *une masse de matière enflammée* : quelques auteurs ajoutent qu'il n'échappa au dernier supplice que par le crédit de Périclès, son disciple et son ami.

Efforts des astronomes pour fixer la mesure du temps.

La mesure du temps étant l'objet principal, ou plutôt le fondement de toute l'Astronomie,

les anciens et les modernes ont fait les derniers
efforts pour déterminer exactement, et pour
comparer ensemble les mouvemens du soleil
et de la lune, sur lesquels cette mesure porte
universellement.

Quelques observations imparfaites avaient
d'abord fait croire que l'année solaire est de
365 jours : on trouva par degrés qu'elle est
sensiblement plus longue ; les Egyptiens et les
premiers astronomes grecs la portèrent à 365
jours 6 heures : ce qui excède sa vraie durée
d'environ 11 minutes. Cet important élément
de l'Astronomie s'est perfectionné successivement jusqu'à nos jours ; et enfin, par la combinaison d'un très-grand nombre d'observations anciennes et modernes, on lui donne
aujourd'hui, pour valeur, 365 jours 5 heures
48 minutes 48 à 49 secondes.

La lune, quoique plus voisine de nous, et
plus rapide dans son mouvement que le soleil,
présente néanmoins plus de difficultés pour la
mesure de sa révolution. Il a fallu une immense quantité d'observations et de calculs
pour en reconnaître la durée par rapport au
premier point de l'écliptique, au soleil, aux
étoiles fixes, à l'apogée et aux nœuds de l'orbite lunaire.

On crut pendant long-temps que le mois

synodique était seulement de 29 jours et demi :
pour éviter la fraction, on supposa que les
douze mois synodiques, compris dans l'année
solaire, seraient alternativement de 29 jours et
de 30 jours ; les premiers furent appelés *mois
caves*, et les autres *mois pleins*. Cette détermination était fort défectueuse, puisqu'elle ne
donnait que 354 jours pour la durée de l'année
lunaire, ou de douze mois synodiques, tandis
que la véritable durée de cette année doit être
la même que celle de l'année solaire, c'est-
à-dire, à très-peu près, 365 jours 5 heures 48
minutes 48 secondes.

Lorsqu'on eut reconnu l'inexactitude de
cette comparaison, on chercha divers moyens
de la corriger par l'intercallation de quelques
jours ou de quelques mois lunaires sur un
certain nombre de révolutions solaires. Tout
cela n'était qu'un palliatif, et les erreurs revenaient toujours par la succession des temps.
Les Égyptiens ayant senti de très-bonne heure
la difficulté d'établir une correspondance exacte
entre les mouvemens du soleil et de la lune,
prirent uniquement le mouvement du soleil
pour base de la mesure fondamentale du
temps, en se contentant d'y rapporter à peu
près le mouvement de la lune, dont la connaissance était nécessaire pour le calcul des

éclipses. Par une considération semblable, d'autres astronomes, et en particulier les Arabes, réglèrent la mesure du temps sur le mouvement de la lune.

Les astronomes grecs s'obstinèrent à vouloir concilier les mouvemens de ces deux astres. Une persévérance infatigable dans cette recherche, leur fit entreprendre un très-grand nombre de nouvelles observations, auxquelles ils apportèrent une telle exactitude, une telle critique, qu'on doit attribuer à ce travail la principale cause des progrès de l'Astronomie grecque.

Un peu après Thalès, un astronome de l'île de Ténédos, nommé *Cléostrate*, proposa une période lunisolaire de huit années solaires, composée de quatre périodes partielles qui étaient chacune de deux ans, et dans lesquelles on intercalait seulement trois fois un mois lunaire plein. Les trois mois intercalaires s'ajoutaient à la fin de la troisième, de la cinquième et de la huitième année. Cette période fut appelée *octaétéride* : elle est très-simple, comme on voit ; et elle serait parfaitement exacte, si l'année solaire était de 365 jours 6 heures, et l'année lunaire de 354 jours : car les huit années solaires donneraient 2922 jours, et les huit années lunaires

Période de Cléostrate. An av. J. C. 550.

augmentées de 90 jours, qui forment la valeur des trois mois intercalaires, donnent pareillement 2922 jours. Mais les deux bases de la période étant erronées, elle porte à faux, et on ne tarda pas à s'apercevoir qu'elle s'écartait beaucoup de la vérité.

Cycle méto-nien.

An av. J. C. 617.

Plusieurs autres tentatives du même genre n'eurent guère plus de succès. On approchait cependant toujours de plus en plus du but : deux astronomes athéniens, Méton et Euctémon, eurent, au moins pour un temps, la gloire de l'avoir atteint. En combinant avec sagacité toutes les observations alors connues, ils formèrent une période lunisolaire, ou un cycle de dix-neuf années solaires, dont douze étaient composées de douze lunaisons, et les sept autres de treize lunaisons; ce qui faisait en tout 235 lunaisons. Ils distribuèrent par intervalles, sur la durée totale des années du cycle, les nombres inégaux de lunaisons. Les années où l'on intercalait étaient la 3e, la 6e, la 8e, la 11e, la 14e, la 17e et la 19e. De plus, au lieu de supposer, suivant l'usage ordinaire, que l'année lunaire était composée de six mois pleins et de six mois caves, ils formèrent leurs 235 lunaisons avec 125 mois pleins et 110 mois caves; ce qui donne 6940 jours pour la durée

totale des 235 lunaisons. Cette durée est aussi
à peu près celle des 19 années solaires. Le
cycle fut mis en usage à compter du 16 juillet
de l'année 433 avant Jésus-Christ; il fut appelé *le cycle métonien*, sans doute parce que
Méton eut la principale part à l'invention.

Cette découverte, où l'on remarqua une
grande science astronomique, et toutes les
apparences d'une grande exactitude, eut un
tel succès et un tel éclat dans la Grèce, qu'on
fit graver en lettres d'or, sur des tables d'airain, l'ordre de la période, d'où lui est venu
le nom de *nombre d'or*. Elle a servi de base,
pendant long-temps, au calcul du calendrier
chez toutes les nations de l'Europe; elle est
même encore en usage, au moyen des modifications et des changemens dont on a reconnu
qu'elle a besoin de temps en temps : car, dans
la rigueur astronomique, elle manque de jus-
tesse, tant par rapport au mouvement de la
lune, que par rapport à celui du soleil. Les
6940 jours surpassent la durée véritable des
235 lunaisons d'environ 7 heures 28 minutes,
et la durée véritable des 19 années solaires d'environ 9 heures 28 minutes; de plus, les nouvelles lunes, les pleines lunes et autres phases,
n'arrivent pas exactement, aux mêmes époques,
d'un cycle à l'autre.

I.

9

Vs av. J. C.
318.

Ces défauts étant devenus sensibles au bout de quatre ou cinq cycles, Callipe, autre astronome athénien, proposa un nouveau cycle composé de 76 années solaires, ou de 4 cycles métoniens, dont il retranchait un jour au bout de ce temps ; de sorte que la période comprenait trois parties chacune de 6940 jours, et une quatrième de 6939 jours seulement. Par-là, en s'éloignant de la simplicité du cycle métonien, il obtint plus d'exactitude ; mais les mouvemens de la lune et du soleil n'étaient encore représentés, ni l'un ni l'autre, avec une précision suffisante ; et le grand problème de la coïncidence absolue de ces mouvemens restait toujours à résoudre. Les astronomes grecs postérieurs firent de vains efforts pour surmonter entièrement la difficulté.

Toutes les nations ont eu des cycles, des calendriers particuliers : aucune n'a réussi et ne pouvait réussir à faire cadrer parfaitement les mouvemens du soleil et de la lune.

Obstacles à la perfection des cycles.

Les lecteurs versés dans la théorie de la gravitation universelle des corps célestes en comprendront facilement la raison. Un cycle parfait devrait, en se renouvelant continuellement, ramener le soleil et la lune au même point du ciel à la fin de chaque révolution ; et les nouvelles lunes, les pleines lunes, etc.

aux mêmes époques, d'un cycle à l'autre. Or, la réunion de toutes ces conditions est comme impossible. En effet, 1º. le mouvement de la lune autour de la terre étant sans cesse altéré par l'attraction du soleil, et par les attractions des autres corps célestes de notre système planétaire, et de même le mouvement apparent du soleil autour de la terre, ou le mouvement réel de la terre autour du soleil, étant troublé par l'attraction de la lune et des autres planètes, ne serait-ce pas un pur effet du hasard, que dans deux cycles consécutifs, surtout s'ils ne sont pas très-courts, la lune et la terre se trouvassent chacune exactement dans la même situation par rapport aux forces qui les sollicitent, et que les temps des révolutions cyclaires fussent exactement égaux ? 2º. Quand même les temps des révolutions cyclaires seraient égaux, les intervalles de temps compris entre les phases de même nature, dans la succession des cycles, ne seraient pas égaux ; car, par exemple, les temps d'une nouvelle lune à l'autre varient continuellement, et sont sujets à plusieurs inégalités produites par les attractions des corps environnans. Voilà donc encore une nouvelle source d'imperfection dans les cycles. Concluons qu'ils ne peuvent jamais servir qu'à

9.

indiquer à peu près la correspondance des mouvemens du soleil et de la lune. Le calcul astronomique est incomparablement plus sûr et plus exact : aussi les sociétés savantes sont-elles dans l'usage, depuis plus d'un siècle, de publier des éphémérides pour faire connaître à l'avance l'état du ciel aux marins et aux observateurs : recueils très-utiles en effet aux uns et aux autres.

Travaux astronomiques de l'école platonicienne.

Dès l'établissement de l'école de Platon, il s'y forma plusieurs astronomes, dont les utiles travaux sont perdus, ou ne se sont conservés qu'en substance et par fragmens, dans quelques anciens ouvrages. On distingue principalement, entre ces astronomes, Eudoxe, que nous avons déjà cité comme géomètre. Il était grand observateur ; il avait écrit plusieurs ouvrages d'Astronomie ; on montrait encore, long-temps après sa mort, l'observatoire qu'il avait fait construire à Gnide, sa patrie. Il publia, pendant plusieurs années, des éphémérides célestes, très-renommées, que l'on affichait dans des lieux publics, tels que le Prytanée à Athènes.

Quelques auteurs parlent vaguement d'une sphère d'Eudoxe, à laquelle ils attribuent une antiquité de douze ou treize cents ans par-delà Jésus-Christ. On ne connaît d'ailleurs, en aucune manière, cet ancien Eudoxe. Cette obscurité a donné lieu à d'autres savans de penser plus vraisemblablement que l'explication des mouvemens célestes, connue sous le nom de *sphère d'Eudoxe*, est l'ouvrage du philosophe platonicien, et que par conséquent elle ne remonte qu'au quatrième siècle avant l'ère chrétienne. Elle était destinée à faire connaître, pour le climat de la Grèce, les levers et les couchers du soleil et de la lune, ceux des constellations, les nouvelles lunes, etc. Notre philosophe astronome avait composé sur ces matières, deux ouvrages connus et cités par les anciens astronomes : l'un était la description des constellations, l'autre traitait de leurs levers et de leurs couchers.

On a reproché à Eudoxe d'avoir cherché à rendre raison des apparences des planètes, par un mécanisme très-compliqué et très-peu vraisemblable, où il employait une multitude de cercles emboîtés les uns dans les autres, et soumis à des mouvemens contraires, presque incompatibles. Mais pouvait-il faire mieux dans le temps où il a vécu, ignorant, ou n'osant admettre le mouvement de la terre, qui explique tout cela d'une manière si simple ; et ne lui doit-on pas quelque reconnaissance d'avoir au moins donné l'idée d'appeler la mécanique au secours de l'Astronomie?

An av. J. C.
276.

Sous Antiochus-Gonathas, roi de Macédoine, Aratus mit en vers grecs, par ordre de ce prince, l'Astronomie connue de son temps. Ce poëme, qui nous est parvenu tout entier, est divisé en deux livres, dont le premier, sous le titre de *Phénomènes*, contient l'explication de la sphère d'Eudoxe; l'autre, intitulé *Les Pronostics*, non pas au sens de l'Astrologie judiciaire qui n'avait pas encore alors infecté l'Astronomie, expose les signes physiques, avant-coureurs de la pluie, et du beau ou du mauvais temps. Il eut beaucoup de réputation parmi les anciens. Cicéron a traduit en latin les phénomènes; nous avons aussi une grande partie du poëme, traduite dans la même langue par Germanicus, ce prince si cher aux Romains, victime de la cruelle jalousie de Tibère; enfin, il en existe encore une troisième traduction, faite par Avienus qui vivait sous Théodose.

An av. J. C.
285.

Pendant que l'Astronomie faisait de si grands pas dans la Grèce, elle était cultivée avec succès par quelques peuples occidentaux de l'Europe. On compte dans ce nombre les an-

Com. Lib. 1. ciens Gaulois. César rapporte que les druides, parmi les instructions qu'ils donnaient à la

jeunesse, lui enseignaient particulièrement ce
qui regarde le mouvement des astres, et la
grandeur du ciel et de la terre, c'est-à-dire,
l'Astronomie et la Géographie. Si les Gaulois
n'ont pas laissé d'observations, ou si le temps
les a détruites, nous savons du moins qu'ils
étaient très-versés dans la navigation, qui est
essentiellement liée avec l'Astronomie. Dominique Cassini, dans son essai sur *l'origine et
les progrès de l'ancienne Astronomie*, raconte qu'ils avaient fondé des colonies sur les
côtes d'Espagne, sur le Pont-Euxin, et en plusieurs autres endroits.

Anc. mém.
de l'ac., tom.
VIII.

Pithéas, célèbre astronome, natif de Marseille, observa dans cette ville la hauteur méridienne du soleil, au temps des solstices, par
le moyen d'un gnomon. L'objet de cette observation était simplement de déterminer la latitude de Marseille. Par la comparaison du résultat avec celui des observations modernes,
quelques astronomes ont conclu que l'obliquité de l'écliptique avait diminué, depuis ce
temps, d'environ une minute par siècle. Mais
ce point de fait n'est pas suffisamment éclairci.

An av. J.C.
15..

Ce même philosophe ne se borna pas à observer les phénomènes de la nature dans son
pays : il voyagea dans les pays éloignés ; il
pénétra très-avant vers le Nord, par l'Océan

occidental. A mesure qu'il avançait, il remarquait un progrès sensible dans la diminution
des nuits au solstice d'été. Etant parvenu à une
île, qu'il appela l'*île de Thulé*, il vit que le
soleil se levait presqu'aussitôt qu'il était cou-
ché; ce qui arrive dans l'Islande, et dans les
parties septentrionales de la Norwège : d'où
l'on a conclu qu'il avait pénétré dans ces climats. Les anciens, qui les regardaient comme
inhabitables, traitaient de fables les relations
de Pithéas; mais les navigateurs modernes ont
reconnu la vérité des faits qu'il avait avancés,
et lui ont assuré la gloire d'avoir le premier
appris à distinguer les climats par la différente
longueur des jours et des nuits.

On attribue à Pithéas plusieurs autres découvertes, comme d'avoir fait connaître aux
Grecs que l'étoile polaire n'est pas au pôle
même, et qu'avec trois autres étoiles voisines,
elle forme un quadrilatère dont le pôle est
à peu près le centre; d'avoir indiqué la liaison
du phénomène des marées avec le mouvement
de la lune, etc.

An. av. J.C.
330.

Le goût d'Alexandre pour les sciences, et
surtout l'envie de faire connaître à la postérité les pays où il avait porté ses conquêtes,
furent très-utiles à l'Astronomie, et en général à toutes les parties de la philosophie natu-

relle. Aristote écrivit, par ordre de ce prince, un grand nombre d'ouvrages sur ces matières. Dans celui qui a pour titre *De Cœlo*, il prouve la forme sphérique de la terre par la rondeur de l'ombre qu'elle jette sur la lune dans les éclipses de ce satellite ; il la prouve aussi par les changemens qui paraissent arriver aux hauteurs des étoiles, à mesure qu'on s'éloigne ou qu'on s'approche des pôles. Le livre *De Mundo*, qu'on attribue au même philosophe, contient une description de l'ancien Monde, que l'auteur divise en trois grands continens, l'Europe, l'Asie et l'Afrique. Mais le plus important service qu'Alexandre rendit aux sciences, fut de faire prendre une connaissance exacte et détaillée des pays de sa domination, non pas seulement d'après l'estime et les relations toujours incertaines des voyageurs, mais par des mesures immédiates, et en observant la correspondance des objets terrestres avec les positions des étoiles dans le ciel. Dès lors, la Géographie, se liant avec l'Astronomie, devint peu à peu une véritable science qui s'étendit et se perfectionna, et dont le commerce retira les plus grands avantages par les communications qu'elle établit entre les peuples. Callistène, dont j'ai déjà parlé, était chargé de la direction de ce travail.

L'hypothèse de la rondeur de la terre était très-ancienne : elle avait pris naissance, comme nous l'avons déjà dit, au temps d'Anaximandre et de Pythagore. On avait aussi reconnu que la terre est détachée du ciel ; qu'elle demeure en équilibre dans l'espace, et qu'elle n'est pas d'une excessive grandeur : toutes ces idées étaient fondées sur l'observation du mouvement journalier des astres d'Orient en Occident, et sur les changemens de position que l'on remarquait dans les étoiles, lorsqu'on voyageait, à peu près sous le même méridien, vers le Nord et vers le Midi. Bientôt la comparaison du changement apparent des étoiles avec les longueurs correspondantes des chemins parcourus sur la terre, fit naître la pensée de mesurer la circonférence de la terre par l'observation des astres. Aristote, le plus ancien auteur dont il nous reste des écrits sur ce sujet, s'exprime de la sorte dans son second livre *de Cœlo*, chap. XIV.

Grandeur et figure de la terre, par Jacq. Cassini, page 12.

« Dans les éclipses de lune, la ligne qui » distingue la partie éclipsée est toujours » courbe ; et comme la lune est éclipsée par » l'ombre de la terre, il est certain que cette » apparence est causée par la circonférence de » la terre, qui est sphérique. En effet, il est » évident, par les apparences des astres, que

» la terre est ronde : de plus son étendue n'est
» pas très-considérable, car, pour peu de
» chemin que l'on fasse vers le Nord et vers
» le Midi, l'horizon se diversifie manifeste-
» ment, de telle sorte que les étoiles qui sont
» sur notre tête, viennent à changer, et ne
» sont plus les mêmes pour ceux qui voyagent
» vers le Nord, que pour ceux qui voyagent
» vers le Midi. . . . . » Aristote ajoute : « Les
» Mathématiciens qui tâchent de déterminer
» la grandeur de la circonférence de la terre,
» disent qu'elle est de 400000 stades. »

Il y a toute apparence que par ces mathématiciens, Aristote entend les pythagoriciens,
qui regardaient la terre comme un astre, et
qui la faisaient tourner autour du centre du
monde, d'une manière à produire les vicis-
situdes des jours et des nuits : opinion qu'Aristote lui-même réfute aux chapitres précédens. On voit qu'il ne parle qu'en historien, de
la mesure de la terre. Horace nous fournit une Lib. I, od. 28.
preuve que cette mesure doit être attribuée
aux pythagoriciens : car il appelle *mesureur
de la terre* le philosophe pythagoricien Ar-
chytas, qui avait été le maître de Platon.

Eratosthène, bibliothécaire du musée d'A- An av. J. C. 280.
lexandrie, est le premier des anciens dont
nous ayons une mesure de la terre, par une

méthode conforme aux principes de la Géométrie et de l'Astronomie. Cette mesure, admirée en son temps comme un prodige de l'esprit humain, nous a été conservée par Cléomèdes.

Cléomèdes, Cycl. théor. Lib 1, ch. 10.

Eratosthène était instruit qu'au temps du solstice d'été, le soleil, à midi, passait par le point vertical de la ville de Sienné, située dans les confins de l'Ethiopie, sous le tropique du Cancer; on avait construit en particulier, dans cette ville, un puits qui, sur le midi, au jour du solstice, était éclairé dans toute sa longueur, par le soleil : il savait encore, ou du moins il supposa (ce qui est à peu près vrai) qu'Alexandrie et Sienné étaient situées sous le même méridien. D'après ces bases, il fit construire à Alexandrie un hémisphère concave, sur le fond duquel s'élevait un stile vertical dont le sommet était le centre de courbure de l'hémisphère ; ensuite feignant que la ville de Sienné était placée sur la direction verticale du stile, il observa qu'à midi, l'arc compris entre le pied du stile, et le point où le soleil frappant le sommet du stile, l'ombre allait se projeter sur la concavité de l'hémisphère, était la cinquantième partie de la circonférence entière; d'où il conclut que l'arc céleste compris entre Alexandrie et Sienné était de cette même quantité, et que pareillement l'arc

terrestre compris entre ces deux villes, était
la cinquantième partie de la circonférence entière d'un grand cercle de la terre. Or, par la
mesure immédiate de ce dernier arc, on
trouva qu'il était de 5000 stades; ce qui donne
250000 stades pour la longueur de la circonférence entière d'un grand cercle de la terre,
et $694\frac{1}{2}$ stades pour celle d'un degré. Dans la
suite, quelques astronomes, voulant éviter la
fraction, et croyant sans doute qu'on ne pouvait pas répondre de cinq à six stades sur la
longueur du degré terrestre, portèrent cette
longueur à 700 stades; ce qui donne 252000
stades pour la longueur de la circonférence
entière.

Il y a une autre ancienne mesure de la terre,
rapportée également par Cléomèdes, celle du
philosophe Posidonius, contemporain de
Pompée. Ce philosophe, ayant appris ou observé que l'étoile de Canope, à Rhodes, ne
faisait que paraître sur l'horizon, et qu'à
Alexandrie qu'il plaçait sous le même méridien, elle s'élevait de la quarante-huitième
partie de la circonférence céleste, ce qui répond aussi à la quarante-huitième partie de
la circonférence terrestre, et supposant que
la distance d'Alexandrie à Rhodes était de
5000 stades, il eut 240000 stades pour la circon-

An. av. J C.
60.

férence terrestre entière, et 666 ⅔ stades pour
un degré. Mais on reconnut bientôt après que
ces deux déterminations péchaient par excès,
parce que Posidonius avait fait la distance
d'Alexandrie à Rhodes beaucoup plus grande
qu'elle n'était réellement. Strabon, qui écrivait sa *Géographie* sous Auguste, prétendit
qu'Eratosthène avait mesuré cette distance,
et qu'il l'avait trouvée seulement de 3750
stades. D'où résultaient 180000 stades pour la
longueur de la circonférence entière de la
terre, et 500 stades pour celle du degré.

Il s'agirait maintenant de connaître le rapport du stade avec quelqu'une de nos mesures, afin de pouvoir comparer la grandeur
du degré terrestre, déterminée par les anciens, avec celle qui l'a été par les modernes.

Quelques auteurs prétendent qu'Eratosthène et Posidonius ont employé le stade
grec, qui est de 94 toises 5 pieds; d'autres,
le stade égyptien, qui est de 684 ⅘ pieds.
Dans la supposition du stade grec, la première mesure du degré terrestre par Eratosthène, vaut, en nombre rond, 65854
toises; la seconde, 66381 toises; la première,
par Posidonius, 63018 toises; la seconde,
47415 toises. De ces quatre déterminations,
les trois premières pèchent plus ou moins,

par excès, la valeur du degré terrestre étant de 57060 toises à peu près, suivant les mesures modernes; la quatrième pèche beaucoup par défaut. Dans la supposition du stade égyptien, on trouve que les trois premières déterminations pèchent considérablement par excès; la quatrième donne 57065 toises; ce qui s'accorde à très-peu de chose près avec la mesure moderne. Mais cet accord ne peut être que l'effet du hasard, ou de la fausse évaluation du stade; car les méthodes d'Eratosthène et de Posidonius ne sont pas susceptibles d'une grande précision, et ne peuvent à cet égard entrer en parallèle avec les méthodes modernes. Je ne pousserai pas plus loin cette discussion, sur laquelle on peut d'ailleurs consulter plusieurs excellens mémoires répandus parmi ceux de l'académie des belles-lettres. Je reprends l'histoire générale de l'Astronomie, au siècle d'Alexandre.

L'impulsion que ce prince avait donnée à l'Astronomie grecque s'accrut rapidement par les encouragemens et les libéralités des nouveaux rois d'Egypte, qui allaient chercher dans tous les pays du monde les savans les plus illustres, et les attiraient au musée d'Alexandrie. C'est là qu'à compter de l'année 295 avant l'ère chrétienne, Aristille et Timocharis

Progrès de l'Astronomie grecque.

An av. J. C 300.

firent pendant un espace de vingt-six ans, une quantité immense d'observations, tant sur la position et le dénombrement des étoiles, que sur le mouvement des planètes : observations qui servirent dans la suite de base à Ptolomée pour établir sa théorie des planètes.

An av. J C.
281.

Vers le même temps, florissait Aristarque de Samos, qui s'illustra dans l'Astronomie par plusieurs découvertes ou opinions intéressantes. Il observa un solstice en l'année 281, avant l'ère chrétienne, suivant les calculs de Ptolomée ; ce qui fixe d'une manière précise l'âge de cet astronome, sur lequel des historiens peu instruits s'expriment avec incertitude. On a de lui une méthode très-simple, si elle n'est pas fort exacte, pour déterminer le rapport des distances de la lune et du soleil à la terre : elle consiste à observer le moment où le plan du cercle qui, dans les différentes phases de la lune, sépare la partie éclairée d'avec la partie obscure, est dirigé vers l'œil de l'observateur terrestre, et se projette en ligne droite sur le disque lunaire ; à mesurer alors l'arc céleste compris entre la lune et le soleil, et enfin à concevoir un triangle rectangle dont l'angle droit est à la lune, et les trois côtés sont les trois lignes qui joignent la terre, la lune et le soleil : alors, il est clair que dans ce triangle on connaît les trois angles, et que par conséquent on peut conclure le rapport des côtés. De cette manière, Aristarque trouva que le soleil est dix-huit ou vingt fois plus loin de la terre que la lune ; ce qui n'est point exact, la première distance étant trois ou quatre cents fois plus grande que la seconde : mais c'est beaucoup d'avoir entamé la solution d'un problème alors si difficile et si compliqué. Aristarque s'acquit, comme géomètre astronome, une gloire plus réelle et plus durable par les fortes probabilités tirées des observations dont il appuya le système de Pythagore sur le mouvement de la terre autour du soleil. Cette grande vérité mûrissait ainsi par degrés dans les têtes capables de la concevoir, jusqu'à ce qu'enfin elle eût assez de force pour se produire ouvertement comme Minerve sortant toute armée du cerveau de Jupiter.

L'émulation des philosophes qui s'adonnaient à l'Astronomie, ne fut pas la seule cause de ses progrès : elle les dut en partie à l'invention de quelques nouveaux instrumens dont elle s'enrichit successivement, et au moyen desquels les observations devinrent plus faciles, plus exactes et plus nombreuses. On cite entr'autres parmi ces instrumens, les *armilles* qu'Eratosthène fit établir au musée d'Alexan-

Les instrumens astronomiques se perfectionnent.

An av. J. C. 281.

Armilles d'Eratosthène.

I.   10

drie. C'était, suivant la description qu'en
donne Ptolomée, un assemblage de différens
cercles assez semblable à notre sphère armill-
laire, qui vraisemblablement a tiré de là son
origine. Il y avait d'abord un grand cercle faisant la fonction du méridien : l'équateur, l'é-
cliptique et les deux colures formaient un
assemblage intérieur, mobile autour des pôles
de l'équateur. Ensuite il y avait un cercle tournant sur les pôles de l'écliptique, garni de pinules diamétralement opposées, et dont la
partie concave touchait presque l'écliptique,
ou portait un index pour reconnaître la division où il était arrêté. Telle est l'idée générale
de cet instrument. Il s'appliquait à plusieurs
usages. Voici, par exemple, comment on s'en
servait pour déterminer les équinoxes.

Mont. tom. I,
pag. 305.

L'équateur de l'instrument étant mis avec
un grand soin, comme il devait toujours l'être,
dans le plan de l'équateur céleste, on attendait l'instant où la surface inférieure et la surface supérieure n'étaient plus éclairées par le
soleil, ou bien, ce qui était plus sûr, celui où
l'ombre projetée par la partie antérieure convexe du cercle sur la partie concave, la couvrait entièrement. Il est évident que ce moment devait être celui de l'équinoxe. Lorsque
cela n'arrivait point, ce qui indiquait que

l'équinoxe s'était fait dans la nuit, on choisis-
sait deux observations, où cette ombre projetée sur la partie concave du cercle, l'avait
été dans un sens différent, et le milieu de l'intervalle entre ces observations, était réputé
l'instant de l'équinoxe.

Non content d'avoir facilité les observations, Eratosthène en fit lui-même un très-
grand nombre, et il avait écrit plusieurs ouvrages sur l'Astronomie cités par les anciens,
mais dont un seul, qui est la description des
constellations, est échappé aux ravages du
temps. Son génie le portait aux choses extraordinaires. Sa mesure de la terre en est une
preuve.

De tous les anciens astronomes, aucun n'a
autant enrichi la science, aucun ne s'est fait
un si grand nom qu'Hipparque, né dans la
ville de Nicée en Bithinie. Il tient parmi eux
à peu près le même rang qu'Archimède tient
parmi les géomètres. Il commença par observer à Rhodes, et ensuite il vint se fixer à
Alexandrie, où il a exécuté tous les travaux
qui ont établi l'ancienne Astronomie sur des
fondemens certains, et qui ont fourni aux
modernes des points de comparaison pour une
multitude de théories astronomiques.

Un de ses premiers soins fut de rectifier la

An av. J. C.
140.

Durée de l'an-
10.

res, déterminée par Hipparque.

durée de l'année, qu'on faisait avant lui de 365 jours 6 heures, et qu'il reconnut être un peu trop longue par la comparaison de l'une de ses propres observations, faite au solstice d'été, avec une semblable observation faite cent quarante-cinq ans auparavant par Aristarque de Samos, il diminua cette durée d'environ 7 minutes; ce qui n'était pas suffisant. Mais si Hipparque n'approcha pas davantage de la vraie valeur, il faut s'en prendre sans doute à quelqu'inexactitude dans l'observation d'Aristarque de Samos; car les propres observations d'Hipparque, comparées aux observations modernes, donnent 565 jours 5 heures 49 $\frac{1}{2}$ secondes pour la durée de l'année : résultat qui diffère à peine d'une seconde de celui qu'on trouve par la comparaison des meilleures observations de notre temps avec celles de Ticho-Brahé. En général, les observations modernes, où l'on emploie le secours des lunettes, sont beaucoup plus exactes que celles des anciens astronomes, qui n'observaient les astres qu'à la vue simple, à travers des pinules. Mais dans les questions où les erreurs inévitables des observations sont réparties sur un long intervalle de temps, comme dans la circonstance présente, la comparaison des anciennes observations avec les observations modernes peut donner un résultat à peu près aussi exact que celui qui se tire de la comparaison de ces dernières.

Les anciens astronomes supposaient que le soleil marche uniformément dans une orbite circulaire, par son mouvement annuel ; mais cette uniformité, qu'on croyait réelle, était altérée, du moins en apparence, relativement à la terre. On connaissait l'effet en gros ; Hipparque l'approfondit et en assigna la cause. Il observa que le soleil employait environ 94 jours 12 heures pour aller de l'équinoxe du printemps au solstice d'été, et seulement 92 jours 12 heures, du solstice d'été à l'équinoxe d'automne ; ce qui donnait 187 jours, à peu près, pour le temps employé à parcourir la partie boréale de l'écliptique, et 178 jours seulement pour la partie australe. Il fallait donc que le soleil allât ou parût aller plus vite dans la partie australe de l'écliptique, que dans la partie boréale. Sans abandonner l'hypothèse du mouvement uniforme réel du soleil, Hipparque expliqua l'inégalité du mouvement par rapport à la terre, en plaçant la terre à une certaine distance du centre de l'écliptique : cette distance, qu'on appelle l'*excentricité* de l'orbite solaire, produisait, entre le mouvement réel et le mouvement apparent, une

Hipparque découvre l'excentricité de l'écliptique, et celle de l'orbite lunaire.

équation, tantôt additive, tantôt soustractive, au moyen de laquelle on pouvait faire quadrer ces deux mouvemens, à chaque instant. Il détermina la grandeur de l'excentricité, relativement au rayon de l'écliptique, ainsi que la position de la ligne des *absides*, ou de la ligne qui joint les points diamétralement opposés, où le soleil se trouve, dans sa plus grande et sa plus petite distance à la terre. Il fit des remarques et des calculs semblables pour l'orbite lunaire. D'après ces bases, il réduisit les mouvemens du soleil et de la lune en *tables*, les premières dont il soit fait mention en ce genre. Toutes ces déterminations étaient présentées comme des *essais*, que le temps et de nouvelles observations devaient perfectionner. Le projet d'Hipparque était aussi de dresser de pareilles tables pour les mouvemens des cinq planètes, Mercure, Vénus, Mars, Jupiter et Saturne ; mais ne jugeant pas lui-même que les observations alors connues pussent fournir des élémens suffisamment exacts, il abandonna ce travail.

Quoique les excentricités des orbites du soleil et de la lune, déterminées par Hipparque, ne soient pas fort éloignées de la vérité, il faut cependant remarquer qu'elles étaient affectées d'un vice radical : elles supposaient que ces orbites étaient des cercles parfaits. Les anciens ne se doutaient pas que les planètes décrivent réellement des ellipses : à plus forte raison ignoraient-ils que ces ellipses sont elles-mêmes continuellement altérées et déformées par la gravitation universelle et réciproque des astres.

Hipparque fit une autre découverte, qui, ayant été constatée et perfectionnée par le temps, est devenue un des principaux fondemens de l'Astronomie. En comparant ses observations avec celles d'Aristille et de Timocharis, faites cent cinquante ans auparavant, il trouva que les étoiles conservaient toujours les mêmes positions respectives, mais que toutes avaient, ou paraissaient avoir, suivant l'ordre des signes du zodiaque, ou d'Occident en Orient, un petit mouvement dont la quantité était de deux degrés en cent cinquante ans, ou de 48 secondes en un an. L'attention suivie avec laquelle on a observé et étudié ce mouvement, a fait connaître qu'il est d'un peu plus de 50 secondes par an. Il en résulte que le soleil et une étoile, partant l'un et l'autre d'un même point de l'écliptique, et allant d'Occident en Orient avec des vitesses qui sont entr'elles dans le rapport de 360 degrés à cinquante secondes de degré, le soleil reviendra au point de départ,

Hipparque découvre la précession des équinoxes.

dans un temps plus court que celui de son retour à l'étoile, de la quantité correspondante à
50 secondes de degrés. Le calcul apprend que
le premier temps, qui forme l'année tropique,
étant de 365 jours 5 heures 48 minutes 48 secondes, le second, ou l'année sydérale, est de
365 jours 6 heures 9 minutes 10 secondes. On
voit que la révolution tropique ramène les
solstices et les équinoxes, avant que la révolution sydérale soit achevée, ou que les points
équinoxiaux semblent rétrograder par rapport
aux étoiles. De-là est venue la dénomination
de *précession des équinoxes*, qu'on donne à
ce mouvement d'anticipation des équinoxes
sur la révolution sydérale. On verra dans la
suite la cause physique de la précession des
équinoxes, avec celle des variations auxquelles
elle est sujette. On indiquera aussi la quantité
et la cause de la troisième espèce d'année, ou
de l'année anomalistique.

La méthode qu'Aristarque de Samos avait
donnée pour déterminer le rapport des distances du soleil et de la lune à la terre, était
très-imparfaite, comme nous l'avons déjà
remarqué ; et d'ailleurs elle ne pouvait pas
faire connaître les quantités absolues de ces
distances. A cette méthode, Hipparque en
substitua d'autres plus complètes, dans

Hipparque
entreprend de
déterminer la

lesquelles il fit principalement usage des parallaxes. distance du soleil à la terre

On sait que le parallaxe d'un astre est la quantité angulaire comprise entre le lieu où l'astre est rapporté dans le ciel, étant vu d'un point donné de la surface de la terre, et le lieu où il serait rapporté, s'il était observé du centre de la terre : elle est nulle, lorsque l'astre est au *zénith* de l'observateur, et la plus grande, lorsqu'il est à l'horizon. Les parallaxes des planètes ordinaires, telles que la lune, Mars, Jupiter, etc. sont faciles à déterminer ; et on en conclut ensuite la distance d'une planète à la terre. La distance du soleil à la terre est d'une recherche plus délicate et plus susceptible d'erreur. Pour parvenir à la trouver, Hipparque commença par calculer la distance de la lune à la terre, en partie du rayon de la terre, ou au moyen de la parallaxe horizontale de la lune ; ce qui n'avait aucune difficulté, puisque le sinus de la parallaxe horizontale d'un astre est comme le sinus de l'angle sous lequel on voit son demi-diamètre horizontal, et que dans le cas présent on a un triangle rectangle dans lequel on connaît les trois angles, et un côté savoir le rayon de la terre, par la mesure d'Ératosthène. D'où résulte la connaissance de l'hypothénuse, ou

la distance de la lune au centre de la terre.
Ensuite ayant mesuré le diamètre apparent du
soleil, comme il avait mesuré celui de la lune,
et ayant calculé, par la durée d'une éclipse de
lune, la largeur du cône d'ombre traversé par
la lune, il forma, avec toutes ces données, des
triangles et des analogies, qui lui firent conclure que la distance du soleil à la terre égalait à peu près douze à treize cents fois le rayon
de la terre, ou que la parallaxe horizontale
du soleil était de trois minutes environ. Ce résultat est fort éloigné de la vérité ; mais on
n'en sera pas surpris, si l'on considère qu'Hipparque a employé dans ses calculs une multitude d'élémens qui ne pouvaient être déter-
minés de son temps avec une précision suffisante. En effet, les modernes, enrichis de toutes
les connaissances de leurs prédécesseurs, et
munis des meilleurs instrumens, ne sont parvenus que très – tard à déterminer exactement
la parallaxe horizontale du soleil : il n'y a
guère plus de cent ans que la Hire et les Cassini la faisaient de quinze secondes, tandis que
réellement, suivant les meilleures observations
de nos jours, elle est seulement d'environ huit
secondes ; ce qui relègue le soleil prodigieuse-
ment loin dans les espaces célestes.

Un phénomène extraordinaire, la disparition

presque subite d'une grande étoile, au temps d'Hipparque, excita cet astronome infatigable à faire le dénombrement des étoiles, et à marquer leurs configurations, leurs positions respectives, etc. pour mettre la postérité en état de reconnaître si elles sont des corps permanens, attachés invariablement à la voûte du ciel, conservant toujours entr'eux la même position, ou si, indépendamment du mouvement qui produit la précession des équinoxes, elles ne sont pas encore sujettes à d'autres mouvemens irréguliers et inconnus, auquel cas on ne pourrait plus leur rapporter le mouvement des astres errans. Cet immense travail posa le fondement sur lequel tout l'édifice de l'Astronomie devait porter. Il fut admiré et célébré par toutes les nations savantes. Pline en parle avec enthousiasme. *Hipparque, s'écrie-t-il, n'a jamais été assez loué : personne n'a prouvé comme lui, que l'homme est lié avec le ciel, et que son esprit est une portion de la Divinité. . . . . . . Il a osé déplaire aux dieux, en faisant connaître aux hommes le nombre des étoiles. . . . . laissant ainsi le ciel en partage à ceux qui sauraient s'en emparer !*

A tant d'importantes recherches immédiatement relatives au progrès de l'Astronomie,

Dénombrement des étoiles par Hipparque.

Hist. Nat. Lib. II, ch. 26.

Hipparque lie invariablement la Géographie à l'Astronomie.

Hipparque joignit le mérite d'appliquer cette science à des usages familiers, de la plus grande utilité pour la connaissance des pays et la propagation du commerce. Il réduisit en principes certains et invariables la méthode de déterminer la position des objets terrestres, par la latitude et la longitude, dont on avait déjà conçu quelques notions au temps d'Alexandre. Les points principaux étant une fois fixés immédiatement par les observations astronomiques, les détails topographiques par lesquels on les lie entr'eux, ne sont plus que des opérations faciles, qu'on exécute et qu'on abrège, au moyen de divers instrumens, tels que le graphomètre, la planchette, etc.

Les bornes de cet Essai me forcent de passer sous silence d'autres ouvrages d'Hipparque, tels que ses recherches sur le calendrier, sur le calcul astronomique, etc. Il avait aussi entrepris de rectifier la mesure qu'Eratosthène avait donnée de la grandeur de la terre; mais on ne connaît pas celle qu'il y substituait.

Il fut suivi de plusieurs astronomes, qui, sans égaler son génie et son savoir, contribuèrent néanmoins aux progrès de la science, par les nouvelles observations dont ils l'enrichirent, ou par des ouvrages dans lesquels ils en exposaient la théorie.

La postérité compte au nombre de ces bienfaiteurs de l'Astronomie, le philosophe Posidonius, que j'ai déjà cité au sujet de la mesure
de la terre. Il habitait l'île de Rhodes, où il
fit plusieurs observations. Il avait construit,
pour représenter l'état du ciel, une sphère
mouvante, dont Cicéron parle avec admiration.

Si Posidonius n'a pas été un astronome du
premier ordre, il mérite néanmoins d'arrêter
encore un moment nos regards, par son caractère moral et par son existence sociale. Il fut
un stoïcien célèbre, jouissant de la plus haute
considération dans son pays, et de toute l'estime des Romains. Un jour Pompée, passant
par l'île de Rhodes, alla lui faire visite, et défendit à ses licteurs de frapper à la porte,
comme c'était l'usage : *ainsi*, dit Pline, *celui
devant qui l'Orient et l'Occident s'étaient
abaissés, abaissa lui-même ses faisceaux
devant la porte d'un philosophe !* La rigidité
des principes stoïques de Posidonius est connue
par un trait remarquable. Dans un discours
qu'il prononçait devant ce même Pompée, il
fut tout à coup saisi d'un si violent accès de
goutte, que la sueur lui tombait par flots le
long du visage : il soutint d'abord cet horrible
tourment avec courage, sans se plaindre, sans
changer de ton, sans se troubler dans son

An. av. J. C.
60.

Tusc. I,
Nat. Dæo.
I.

Hist. Nat.
I ib.

discours ; enfin la nature étant la plus forte, il laissa échapper ce cri, étouffé aussitôt par l'orgueil philosophique : *Douleur, tu ne me vaincras point ; jamais je n'avouerai que tu sois un mal!*

Cléomède, un peu postérieur, nous a laissé un ouvrage intitulé : *Cyclyca theoria metereorum seu motuum cœlestium*, où il traite de la sphère, des périodes des planètes, de leurs distances, de leurs grandeurs, des éclipses, etc. Il avoue lui-même qu'il tenait toutes ces connaissances de Pythagore, d'Eratosthène, d'Hipparque, de Posidonius, soit par la tradition, soit par des écrits. Mais son ouvrage est précieux comme le plus ancien qui nous soit parvenu sur ces matières.

Nous disons à peu près la même chose des élémens d'Astronomie de Géminus, contemporain de Cléomède, suivant quelques indices. Géminus parle fort au long des observations des Chaldéens, et des périodes lunisolaires qu'ils avaient imaginées. Le système qu'il propose sur l'arrangement et le mouvement des planètes est celui qui fut développé et expliqué cent cinquante ans après par Ptolomée.

On ne s'attend pas sans doute à trouver Jules César parmi les astronomes ; mais nous ne devons pas lui ravir cette gloire, parce qu'en

An de J. C. 46.

effet il était très-versé dans l'Astronomie, et
parce qu'il rendit en particulier un important
service au calendrier romain. Numa Pompi-
lius, second roi de Rome, avait établi ce calendrier : quelques inexactitudes dans les
bases, et de nouvelles erreurs accumulées, y
avaient introduit par degrés une telle confusion, qu'au temps de César, les mois d'automne répondaient à l'hiver, ceux de l'hiver
au printemps, etc. César, devenu dictateur,
attira l'astronome Sosigène d'Athènes à Rome,
pour travailler conjointement avec lui, à la
réparation de ce désordre. Ils commencèrent
par supposer que l'an 708 de Rome serait de
quatorze mois, afin de rétablir l'ordre des saisons. Ensuite ils prirent pour base que la durée
de l'année commune était de 365 jours 6 heures;
c'est ce qu'on appela l'année *Julienne*, du nom
de Jules César. Mais comme cette durée excé-
dait de six heures l'ancienne année égyptienne,
et qu'il eût été incommode, pour les usages
civils et politiques, de faire commencer l'année, tantôt à une certaine heure d'un jour,
tantôt à une autre, on statua que le commencement de chaque année tomberait constam-
ment à la même heure d'un jour, que l'année
commune serait de 365 jours, et qu'on lais-
serait accumuler les six heures pendant trois

années, au bout desquelles on ajouterait un jour, de sorte que la quatrième année serait de 366 jours. Le jour additif ou intercalaire fut placé au mois de février. Dans l'année commune, le 24 de février était appelé le sixième des calendes de Mars, ou le sixième jour avant les calendes de Mars; César ordonna que ce même jour serait compté deux fois chaque quatrième année. Il y eut donc deux jours, dont chacun portait le nom de sixième jour avant les calendes de mars. On appela en conséquence ces sortes d'années, *années bissextiles.*

Cette forme de calendrier était fort simple; mais elle portait sur l'hypothèse que la durée de l'année est de 365 jours 6 heures; ce qui n'est pas exact, la véritable durée de l'année étant plus courte d'environ onze minutes. Les différences accumulées nécessitèrent une réforme à ce calendrier; je reviendrai dans la suite sur cet objet.

On cite quelques autres illustres romains, tels que Cicéron, Varron, etc. comme ayant été très-savans dans l'Astronomie; mais il ne reste aucun monument de leurs observations, ou de leurs connaissances en ce genre.

Sous le règne d'Auguste parut le poëme latin de Manilius, intitulé *Astronomicon,* ou les *Astronomiques* *. Il est divisé en six livres ; il contient, comme celui d'Aratus, l'explication des mouvemens célestes, suivant la sphère d'Eudoxe. La poésie en est belle ; on admire surtout les exordes des livres et les digressions morales. Malheureusement il est infecté de toutes les rêveries de l'Astrologie judiciaire. C'est la première fois que cet art imposteur se montre dans les écrits des anciens, et qu'il est développé en corps de doctrine systématique ; on n'en trouve aucune trace dans le poëme d'Aratus, ni dans les relations des travaux de Thalès, de Pythagore, d'Hipparque, etc. Il a pris sa source dans le penchant naturel que les hommes, surtout les princes et les grands, ont à croire le merveilleux, et à recevoir sans examen tout ce qui tend à flatter la vanité. D'avides charlatans, instruits de quelques secrets de la nature, s'en firent un moyen de s'accréditer auprès des grands, et de leur persuader que leurs destinées et celles des empires étaient écrites dans le ciel : ils hasardèrent des pré-

---

* Pingré a donné en notre langue (1783) une traduction de Manilius, à laquelle il a joint des notes qui valent mieux que tout le fond du poëme.

I.

dictions équivoques et mystérieuses, auxquelles il était toujours facile de faire convenir les événemens; l'erreur se répandit et
prit de profondes racines; elle a duré plus de
seize cents ans, et enfin elle n'a succombé que
sous les coups redoublés de la philosophie.
Mais par une fatalité déplorable, qui semble
condamner les hommes à être éternellement
trompés, la charlatanerie se reproduit sans
cesse sous de nouvelles formes, plus ou moins
grossières, et on la voit dans tous les temps
usurper sans pudeur les places et les récompenses dues aux vrais talens, au génie et à la
vertu.

An de J. C.
55.

Ménélaüs, dont nous avons déjà parlé
comme géomètre, se distingua encore dans
l'Astronomie, par d'excellentes observations,
et par la découverte des principaux théorèmes de Trigonométrie sphérique, nécessaires ou utiles pour soumettre les observations
au calcul.

An de J. C.
140.

L'Astronomie commençait à languir dans
l'école d'Alexandrie, lorsque le célèbre Ptolomée vint la ranimer, augmenter ses richesses, mettre plus d'ordre, plus d'ensemble
dans toutes ses parties, et rassembler, pour
ainsi dire, ses membres épars de tous côtés
dans les écrits ou les traditions qui existaient

de son temps. Les uns le font naître à Péluse, les autres à Ptolémaïde en Egypte. Cela n'est d'aucune importance ; il suffit qu'on sache qu'il vint de très-bonne heure à Alexandrie, et qu'il y a exécuté ses immenses travaux.

Son principal ouvrage , intitulé *Almageste* *, contient toutes les anciennes observations , toutes les anciennes théories, auxquelles joignant ses propres recherches, Ptolomée a formé de l'ensemble la collection la plus complète qui ait paru sur l'ancienne Astronomie , et qui peut même tenir lieu en ce genre des écrits antérieurs , ravagés par la main du temps.

Les anciennes observations , surtout le catalogue des étoiles , dressé par Hipparque , ayant fait connaître à Ptolomée que ces astres conservent toujours entr'eux la même position , il eut des bases fixes , pour y rapporter le mouvement des planètes , et il s'appliqua avec plus d'exactitude qu'on n'avait fait encore , à déterminer les routes qu'elles tiennent dans le ciel , leurs arrangemens respectifs et leurs distances à la terre.

Ptolomée perfectionne la théorie des planètes.

---

* Mot dérivé de l'arabe , qui veut dire *grande composition*.

11.

A consulter les apparences, la terre occupe
le centre du monde, et tous les mouvemens
qui s'opèrent dans le ciel se font autour de
nous. Cependant Pythagore avait combattu
cette idée ; il plaçait la terre au nombre des
planètes, et il la faisait tourner autour du soleil, de même que la lune et les autres astres
erraus. Aristarque de Samos embrassa depuis
le sentiment de Pythagore, et l'appuya de
fortes raisons. Mais le préjugé en faveur de
l'immobilité de la terre était trop enraciné,
trop conforme au témoignage des sens, pour
céder facilement la place à une vérité que le
génie devinait plutôt qu'il ne pouvait la prou-
ver, ou la faire comprendre à la multitude.
Ptolomée embrassa l'opinion vulgaire ; il supposa qu'autour de la terre immobile tournaient en cet ordre de distances en partant
du centre, la lune, Mercure, Vénus, le soleil,
Mars, Jupiter et Saturne. Toutes ses explications du mouvement des planètes portaient
sur cette hypothèse, que son autorité en
Astronomie fit recevoir universellement, et
passer à la postérité sous le nom de *système
de Ptolomée.*

Dès la première application qu'il en fit, le
mouvement apparent des planètes par rapport
à la terre, présenta des difficultés que l'auteur

ne put vaincre ou éluder, que par de nouvelles hypothèses très-embarrassantes. On l'a déjà dit : tantôt les planètes Mercure, Vénus, Mars, Jupiter et Saturne paraissent marcher directement devant nous ; tantôt elles s'arrêtent, tantôt elles rétrogradent. Pour rendre raison de tous ces mouvemens, Ptolomée suppose que chaque planète décrit en particulier dans l'espace un petit cercle qu'on appelle déférent, et qu'ensuite tous ces cercles emportant chacun sa planète, décrivent eux-mêmes des cercles concentriques ou excentriques à la terre : par la combinaison du mouvement de la planète sur la circonférence de son cercle déférent avec le mouvement de ce déférent autour de la terre, il se forme un mouvement composé qui explique les aspects successifs de la planète à l'égard de la terre. Mais on conçoit qu'une telle complication de mouvemens et d'apparences réelles ou optiques, devait former un chaos difficile à débrouiller. Tout le monde connaît la saillie d'Alphonse X, roi de Castille, surnommé l'astronome. Quoiqu'il crût à toute cette mécanique céleste, l'embarras qu'il y trouvait lui fit dire un jour : *Si Dieu m'eût appelé à son conseil lors de la création du monde, je lui aurais donné de bons avis;* mot plaisant,

Directions, stations et rétrogradations des planètes.

qui fut regardé alors comme une impiété, parce qu'on supposait sans doute que Ptolomée avait assisté au conseil de Dieu.

Le mouvement des étoiles en longitude qu'Hipparque avait découvert, fut adopté et confirmé par Ptolomée, qui crut devoir seulement y faire une petite diminution. Selon Hipparque, ce mouvement, ou par suite la rétrogradation des points équinoxiaux, était de deux degrés en cent cinquante ans, ou de quarante-huit secondes de degré en un an; ce qui est un peu trop faible : Ptolomée réduisit ce mouvement à un degré en cent ans, ou à trente-six secondes en un an, ce qui s'écarte encore davantage de la vérité. Cette erreur introduisit une augmentation sensible dans la durée de l'année que Ptolomée trouva par la comparaison des observations de son temps avec celles d'Hipparque : il la fit de 365 jours

5 heures 55 minutes, durée trop longue de plus de six minutes.

Il fut plus heureux dans ses autres recherches sur la théorie du soleil et de la lune. Hipparque avait reconnu les excentricités des orbites de ces deux astres : Ptolomée démontra les mêmes vérités par de nouveaux moyens. De plus il fit une découverte très-importante qui lui appartient toute entière : il remarqua dans le mouvement de la lune la fameuse inégalité connue aujourd'hui sous le nom d'*évection*. On savait en général que la vitesse de la lune dans son orbite n'est pas toujours la même, et qu'elle augmente ou diminue, à mesure que le diamètre de ce satellite paraît augmenter ou diminuer : on savait encore que la plus grande et la plus petite vitesse ont lieu aux extrémités de la ligne des absides de l'orbite lunaire : on n'était pas allé plus loin. Ptolomée observa que d'une révolution à l'autre, les quantités absolues de ces deux vitesses extrêmes variaient, et que plus le soleil s'éloignait de la ligne des absides de la lune, plus la différence entre ces deux mêmes vitesses allait en augmentant; d'où il conclut que la première inégalité de la lune, celle qui dépend de l'excentricité de son orbite, est elle-même sujette à une inégalité annuelle dépendante de la position de la ligne des absides de l'orbite lunaire à l'égard du soleil. Les observations modernes ont pleinement démontré la vérité de cette théorie : elles ont encore fait connaître un grand nombre d'autres inégalités dans le mouvement de la lune : il en sera parlé, quand j'exposerai les progrès de l'Astronomie dans les temps modernes.

Il découvre l'évection.

Outre l'Almageste, dont nous venons de rendre un compte sommaire, il existe un autre grand ouvrage de Ptolomée, sa *Géographie*, dans laquelle il fixe, suivant la méthode d'Hipparque, la position des lieux terrestres par la latitude et la longitude. Si Ptolomée a commis plusieurs fautes sur la situation des villes et des pays dont il parle, il faut se souvenir que la Géographie est l'ouvrage du temps; qu'à l'époque où Ptolomée vivait, on ne connaissait un peu distinctement qu'une médiocre partie de l'ancien continent; et qu'aujourd'hui même où l'Astronomie est incomparablement plus répandue, il reste de l'incertitude sur la position d'une infinité de lieux dans les deux hémisphères. Je ne dois pas oublier d'ajouter que ce même ouvrage contient les premiers principes de l'ingénieuse théorie des projections en usage dans la construction des cartes géographiques.

On a publié, sous le nom de Ptolomée, quelques livres où l'Astrologie judiciaire est proposée et expliquée; mais de savans critiques ont démontré qu'il n'en est pas l'auteur; sans doute quelques imposteurs ont cherché à étayer d'un grand nom leurs rêveries pernicieuses. Ce qu'il y a de certain, c'est que l'Almageste et la Géographie, les deux grands

Géographie de Ptolomée, ouvrage très-utile.

Ptolomée n'a point cru à l'Astrologie judiciaire.

ouvrages de Ptolomée, n'en contiennent pas le moindre vestige.

Ptolomée eut, comme Archimède, l'ambition de transmettre la mémoire de ses travaux à la postérité, par un monument public. Dans un fragment que Bouillaud fit imprimer en 1668, Olympiodore et Théodore, astronomes de Mitilène, rapportent que Ptolomée avait consacré dans le temple de Sérapis à Canope, une inscription gravée sur le marbre, dans laquelle il expliquait les hypothèses de son Astronomie, telles que la durée de l'année, les excentricités des orbites lunaire et solaire, les dimensions des épicycles des planètes, etc.

S'il y a eu de plus grands génies que Ptolomée, il n'y a point eu du moins d'homme qui, eu égard au temps où il a vécu, ait rassemblé plus de connaissances profondes et plus véritablement utiles aux progrès de l'Astronomie.

De Ptolomée jusqu'aux Arabes, on ne compte plus parmi les Grecs aucun astronome d'un certain ordre, si ce n'est peut-être Théon d'Alexandrie, dont il nous reste un savant commentaire sur l'Almageste.

An de J. C.
395.

Parmi les diverses applications qu'on a faites de l'Astronomie aux besoins de la société, la

Gnomonique, ou la science des cadrans, a fort occupé les anciens astronomes : elle méritait en effet leur attention par l'utilité universelle dont elle était alors pour connaître les heures du jour dans les usages civils ; elle n'est pas moins nécessaire aujourd'hui dans les campagnes, ni même dans les villes, où les cadrans servent, tout au moins, à régler les horloges.

On construit des cadrans au soleil, à la lune et aux étoiles. Les premiers sont incomparablement les plus usités. Un cadran est pour l'ordinaire un simple plan, sur lequel les heures et portions d'heures sont marquées par des projections d'ombres, ou par le jet d'un point lumineux qu'on fait passer au travers d'une plaque percée. Quelquefois aussi on trace des cadrans sur des surfaces courbes, telles que celle d'un cône, d'un cylindre, d'une sphère, etc. Les principes de la construction sont les mêmes dans tous les cas : il n'y a de différence que dans la longueur et la multiplicité plus ou moins grandes des opérations. Je me contenterai donc ici de donner une idée générale des cadrans solaires, tracés sur des plans, par des projections d'ombres. La solution de ce problème est facilement réductible à une simple question de Géométrie, comme on va s'en convaincre.

Imaginons que le soleil, par sa révolution journalière, se meuve dans l'intérieur d'une sphère immense dont le centre soit le même que celui du globe terrestre considéré comme immobile, et concevons ensuite que par ce centre passe un axe perpendiculaire à l'équateur, ainsi qu'à tous les parallèles que le soleil décrit successivement : il est évident qu'en attribuant une certaine grosseur à cet axe, le soleil en jettera continuellement l'ombre sur le cadran, c'est-à-dire ici sur un plan donné de position, et passant par le centre de la sphère céleste. D'où il résulte que pour marquer les heures du jour sur le cadran, il ne s'agit que de savoir déterminer les intersections du plan du cadran, avec la suite des plans qui passent par le soleil à chaque instant de son mouvement, et par l'axe du monde : problème qui n'a aucune difficulté pour les géomètres.

Le principe de cette construction suppose, comme on voit, que le rayon du globe terrestre est infiniment petit par rapport au rayon du cercle que le soleil décrit chaque jour ; ce qui peut être regardé comme sensiblement vrai dans la pratique.

On ne trace sur le cadran que les lignes indispensablement nécessaires. Le stile implanté au cadran, et faisant partie de l'axe du monde, peut être plus ou moins long. Quelquefois on se contente de marquer les heures, par l'arrivée de l'ombre du sommet du stile, aux lignes horaires.

Il y a des cadrans où l'on ne se borne pas à marquer les heures et portions d'heures, mais où l'on trace de plus quelques points remarquables de la route que suit l'ombre du sommet du stile, et l'entrée du soleil dans les signes du zodiaque. Par exemple, supposons un cadran horizontal pour la ville de Paris : le rayon solaire qui passe par le sommet du stile, étant prolongé indéfiniment, et regardé comme une ligne physique et inflexible, on voit que pendant la révolution du soleil, cette ligne décrira les surfaces de deux cônes opposés par le sommet, qui est celui du stile, et que l'ombre jetée par ce sommet formera sur le cadran, pour chaque jour ou chaque parallèle, une portion d'hyperbole, puisqu'en prolongeant le plan du cadran il couperait les deux cônes opposés. Un autre parallèle donne une autre portion l'hyperbole. Or, comme toutes ces portions d'hyperbole, différentes de grandeur et de position, produiraient de la confusion sur le cadran, si on les traçait en entier, on se contente de marquer les points d'ombre pour l'entrée du soleil dans chaque signe du zodiaque ; on joint ces points de proche en proche, et on forme par-là une suite d'arcs, qu'on appelle les *arcs des signes*.

L'invention des cadrans est très-ancienne. Diogène de Laerce en attribue la première idée à Anaximène. On trouve dans le neuvième livre de Vitruve la description abrégée de plusieurs anciens cadrans, les noms qu'on leur donnait, et ceux des auteurs qui les ont imaginés. Je renvoie mes lecteurs à cet ouvrage, ainsi qu'aux excellentes notes dont Claude Perrault a accompagné la traduction qu'il en a donnée.

CHAPITRE VI.

Origine et progrès de l'Optique.

Il ne faut pas s'arrêter aux explications physiques, que les anciens, et en particulier
Aristote, ont données des phénomènes de la
vision : l'abus des qualités occultes y est porté
à l'excès. Mais quelquefois ils se sont bornés à
interroger la nature par la voie de l'expérience,
et alors ils ont reçu des réponses utiles. Par
exemple, l'école de Platon a connu distinctement les premiers principes de l'Optique,
c'est-à-dire, la propagation de la lumière
en ligne droite, et la propriété qu'elle a de se
réfléchir en faisant un angle égal à celui d'incidence.

Long-temps auparavant, on savait construire des miroirs de métal : on connaissait
aussi l'usage du verre, et c'est, selon Pline,
une invention due au hasard. « Des marchands
» de nitre qui traversoient la Phénicie, vou-
» lant faire cuire leurs viandes sur les bords
» du fleuve Bélus, et ne trouvant point de
» pierres pour élever leurs trépieds, s'avi-

Ac. des belles-
lett. tom Ier,
pag. 109.

» sèrent d'y mettre, au lieu de pierres, des
» morceaux de nitre. Alors la matière s'em-
» brasa, s'incorpora avec le nitre, et forma
» de petits ruisseaux de matière transparente,
» qui, s'étant figée à quelques pas de-là, in-
» diqua la manière de faire le verre, qu'on a
» depuis infiniment perfectionnée. »

Au siècle de Socrate, la fabrication du verre avait fait des progrès marqués, et déjà même l'usage des verres ardens était fort commun. En voici la preuve tirée du second acte de la comédie des *Nuées* d'Aristophane.

An av. J. C. 433.

L'auteur introduit Socrate donnant des le-çons de philosophie à Strepsiade, bourgeois grossier et malin. Ces leçons roulent sur des niaiseries, qui tendent à tourner Socrate en ridicule. Strepsiade, après lui avoir demandé la manière de ne point payer ses dettes, pro-pose lui-même cet expédient. STREPSIADE. *Tu as vu chez les droguistes cette belle pierre transparente avec quoi on allume du feu ?* SOCRATE. *N'est-ce pas du verre que tu veux dire ?* STREP. *Justement.* SOCRATE. *Eh bien, qu'est-ce que tu en feras ?* STREP. *Quand on me donnera une assigna-tion, je prendrai cette pierre, et me met-tant au soleil, je ferai fondre de loin toute l'écriture de l'assignation.* Cette écriture était tracée, comme on sait, sur de la cire qui couvrait une matière plus solide.

Il n'y a rien à répliquer à une telle preuve de l'antiquité des verres ardens. De plus, l'effet annoncé par Strepsiade peut s'expliquer facilement de trois manières : on y pouvait employer un miroir concave réfléchissant les rayons solaires, ou un verre convexe donnant passage aux rayons, ou un assemblage de plusieurs miroirs plans, par réflexion. Dans le premier cas, il aurait fallu placer en haut l'assignation entre le miroir et le soleil, à l'endroit où les rayons solaires, après avoir frappé la concavité du miroir, viennent se réunir en se réfléchissant sous un angle égal à celui d'incidence : position incommode pour l'assignation, et dont il n'est pas à présumer que Strepsiade ait voulu parler; dans le second cas, l'assignation aurait été placée en bas, au foyer où les rayons solaires se réunissent après avoir traversé l'épaisseur de la calotte sphérique, ce qui n'a aucun embarras, aucune dificulté dans la pratique; enfin le troisième moyen est également facile à mettre en œuvre, car il ne faut pour cela que disposer les miroirs plans, de manière que les rayons solaires venant les frapper, se réfléchissent suivant des lignes qui vont se couper en un point où ils forment un foyer ardent.

Il existe plusieurs autres anciennes observations du même phénomène. Pline fait mention *de boules de verre, ou de boules de cristal, qui, exposées au soleil, brûlaient, ou les habits, ou les chairs des malades qu'on voulait cautériser.* Lactance, qui vivait vers l'an 303 de Jésus-Christ, dit *qu'une boule de verre pleine d'eau, et que l'on exposait au soleil, allumait du feu, même dans le plus grand froid.*

L'effet le plus mémorable des verres ardens, dans l'antiquité, serait celui des miroirs d'Archimède, s'il était bien constaté. C'est une question litigieuse que je crois devoir examiner, aussi brièvement qu'il me sera possible, sans omettre aucune des raisons qu'on peut alléguer de part et d'autre.

Plusieurs anciens auteurs ont raconté qu'au siége de Syracuse Archimède mettait le feu à la flotte des Romains avec des verres ardens. Quelques modernes regardent ce fait comme fabuleux et impossible : d'autres l'admettent comme certain, et même comme d'une exécution facile. Je commence par les raisons des incrédules, à la tête desquels on trouve le fameux Descartes.

I.

Hist. Natur. Lib 36 et 37.

De irâ Dei.

Miroirs ardens d'Archimède.

Diopt. Disc. VIII.

D'abord ils ont observé, et en cela tout le monde a été de leur avis, qu'Archimède n'aurait pu employer un verre dioptrique ou par réfraction, quand même les localités l'auraient permis, parce qu'un tel verre n'eût pas rassemblé au même foyer les rayons solaires en quantité à beaucoup près suffisante pour produire un embrasement, et parce que d'ailleurs la sphère dont il eût fait partie aurait eu un rayon immense. Il n'était pas possible de suppléer à ce défaut, en employant tout à la fois plusieurs verres de cette espèce : car il eût fallu que tous ces verres exposés en même temps au soleil pour produire un embrasement simultané, eussent la même courbure, le même foyer et la même position, tant à l'égard du soleil que de l'objet à brûler ; d'où l'on voit qu'ils se seraient exclus mutuellement.

Par des considérations semblables, Descartes et ses sectateurs rejettent le miroir catoptrique, en disant, comme il est vrai, que pour réunir les rayons à la portée du trait, c'est-à-dire, à cent cinquante pieds environ de distance, le rayon de sphéricité aurait été de trois cents pieds ; ce qui rend le miroir impossible à exécuter avec une certaine précision. D'ailleurs, il n'aurait donné qu'une quantité insuffisante de rayons solaires ; et si, pour augmenter cette quantité, on avait augmenté l'étendue du miroir, les rayons solaires cessant alors d'être sensiblement parallèles, se seraient répandus sur un plus grand espace, et auraient perdu à proportion leur densité et leur force. Enfin dans ce cas, comme dans le premier, on n'aurait pu employer qu'un seul miroir.

La question ainsi présentée, il est certain que Descartes aurait complètement gain de cause. Mais pourquoi assujettir les miroirs à des courbures qui n'admettent qu'un seul foyer, et qui excluent la combinaison de plusieurs miroirs? N'est-il pas possible de rassembler et de disposer un grand nombre de petits miroirs plans, de telle manière qu'ils reçoivent et réfléchissent ensuite vers un même point, ou vers un même petit espace, les rayons solaires en quantité suffisante pour brûler du bois, des cordages et autres agrès? Certainement il n'y a point là d'impossibilité théorique. Quant à l'exécution, peut-on penser qu'un homme tel qu'Archimède, qui possédait au plus haut degré le génie de l'invention dans la Mécanique, ait été embarrassé à trouver le moyen de lier ensemble plusieurs morceaux de glace, de les faire jouer par des mouvemens de charnière, et de leur faire prendre à volonté diverses inclinaisons, suivant l'exigence des cas ? Il me semble donc que toute la question se réduit au point de fait, si réellement Archimède a brûlé la flotte des Romains avec des miroirs ardens.

D'un côté, Polybe, Tite-Live et Plutarque n'en disent rien ; de l'autre, Héron, Diodore de Sicile et Pappus l'ont affirmé positivement *. Les ouvrages où les premiers parlent du siége de Syracuse existent : ceux des autres sont perdus ; mais ils existaient encore au douzième siècle, et les passages où il était spécialement question du miroir d'Archimède sont rapportés par Zonaras et Tzetzès, écrivains de ce temps-là. Le silence de Polybe, Tite-Live et Plutarque est du genre des preuves négatives, qui doivent céder à une assertion positive, quand le fait qu'elle énonce n'a rien d'impossible. D'ailleurs Plutarque, parlant en général avec admiration de l'effet des machines d'Archimède, sans rien spécifier, a pu y comprendre les miroirs ardens. Quoi qu'il en soit, Zonaras et Tzetzès, écrivains fort

---

* Les autorités de part et d'autre, sont à peu près également anciennes, tout compensé. Héron vivait avant Polybe ; Diodore et Tite-Live sont contemporains, Pappus est postérieur à Plutarque.

médiocres, méritent par - là même toute confiance ; ils n'ont rien pu inventer , et leur
témoignage doit être regardé comme celui
des auteurs qu'ils citent. Or Zonaras affirme,
d'après les anciens, qu'Archimède embrasa
la flotte des Romains au moyen des rayons
solaires rassemblés et réfléchis par le poli
d'un miroir; puis il ajoute qu'à cet exemple,
Proclus brûla avec des miroirs d'airain la
flotte de Vitalien , qui assiégeait Constantinople , sous l'empire d'Anastase , l'an 514
de l'ère chrétienne. Tzetzès , appuyé sur les
mêmes autorités, donne une explication particulière du mécanisme des miroirs d'Archimède. « Lorsque Marcellus, dit - il , eut
» éloigné ses vaisseaux à la portée du trait,
» Archimède fit jouer un miroir hexagone,
» composé de plusieurs autres plus petits qui
» avaient chacun vingt - quatre angles , et
» qu'on pouvait mouvoir à l'aide de leurs
» charnières ; et de certaines lames de mé-
» tal ; il plaça ce miroir de manière qu'il
» était coupé en son milieu par le méridien
» d'hiver et d'été, en sorte que les rayons
» du soleil reçus sur ce miroir venant à se
» briser, allumèrent un grand feu qui rédui-
» sit en cendres les vaisseaux des Romains,
» quoiqu'ils fussent éloignés de la portée du

« trait. » Que ce passage contienne une description exacte ou défectueuse des miroirs
d'Archimède, qu'il en exagère, si l'on veut,
les effets, il indique au moins à peu près la
manière dont les parties du miroir tournaient
pour prendre la situation convenable à leur
objet, l'exposition où il était par rapport au
soleil, et enfin la distance à laquelle il portait le feu : toutes circonstances possibles et
vraisemblables.

Quelques personnes frappées de ces preuves,
mais toujours un peu incrédules sur le point
dont il s'agit, ont fait une objection à laquelle
on attache plus de force qu'elle n'en a réellement. En admettant, a-t-on dit, qu'Archimède eût pu mettre le feu aux vaisseaux
des Romains, s'ils fussent demeurés fixement
à la même place, il n'en sera pas de même,
lorsqu'on supposera, comme il faut le faire,
qu'un vaisseau vient à s'éloigner ou à s'approcher : car, ajoute-t-on, à chaque mouvement qu'il fera, il faudra un temps considérable pour faire prendre aux facettes du
miroir les positions que demandent les changemens de distance du miroir à l'objet qui
doit être embrasé. A cela je réponds, 1°. qu'Archimède ayant une fois saisi le moment fa-
vorable pour l'embrasement, sans que les

Romains eussent aucune connaissance de ses moyens, il a pu exécuter son projet très-promptement, et avant qu'on y ait apporté obstacle ; 2°. qu'avec toutes les ressources qu'il avait dans l'esprit, il a trouvé sans peine le moyen de faire varier l'inclinaison des facettes du miroir, pour suivre au moins pendant quelque temps, le vaisseau qui cherchait à s'échapper ; 3°. enfin, qu'il a pu tenir en réserve plusieurs miroirs de différens foyers (ce qui est ici possible) pour tous les cas qui pouvaient arriver, et qu'il était aisé de prévoir. La mobilité des vaisseaux n'est donc pas un obstacle insurmontable à l'action des miroirs ; et des savans modernes, sans égard à cette objection, ont cru pouvoir fonder la réalité des effets proposés, sur des expériences où les objets à embraser sont immobiles.

Dans un ouvrage intitulé *Ars magna lucis et umbræ*, le P. Kircher, jésuite, dit qu'il avait fait construire, d'après la description de Tzetzes, un miroir composé de plusieurs verres plans, qui, réfléchissant tous la lumière du soleil en un même point, y produisaient une chaleur considérable.

En 1747, Buffon exécuta en grand la même expérience, et par-là il a mis irrévocablement le sceau de la vérité aux effets des miroirs

Mém. de l'ac. des sciences, a 1737. pag. 82.

d'Archimède. Il fit construire, par un excellent ingénieur opticien, nommé *Passemant*, un miroir par réflexion, composé de cent soixante-huit glaces planes, mobiles à charnières, et qu'on pouvait faire jouer toutes à la fois, ou seulement en partie. Au moyen de cet assemblage, Buffon embrasa, au mois d'avril, par un soleil assez faible, le bois à cent cinquante pieds de distance; il fondit le plomb à cent quarante pieds: résultats qui sont plus que suffisans pour détruire tous les raisonnemens que l'on a opposés contre un fait évidemment possible.

Acad. des belles-lettres, tome XLII, pag. 192.

La question était en cet état, lorsqu'en 1777, le savant Dupuy, membre de l'académie des belles-lettres, publia la traduction d'un fragment d'Anthémius sur le même

An de J. C. 536

sujet. On sait qu'Anthémius florissait sous l'empereur Justinien. C'était un homme rare par ses profondes connaissances dans les Mathématiques, surtout dans la Mécanique. Il construisit d'abord avec Isidore, ensuite seul après la mort de son collègue, la fameuse Basilique de sainte Sophie à Constantinople. On lui attribue la première invention des voûtes en dôme. Le fragment, traduit par Dupuy, contient quelques problèmes d'Optique; et l'auteur y traite spécialement celui des miroirs d'Archimède, sur les effets desquels il ne forme, il ne laisse aucun doute. Il commence par observer qu'Archimède n'a pu employer un miroir catoptrique concave, 1°. parce qu'un tel miroir eût été d'une grandeur démesurée ; 2°. parce que dans ces sortes de miroir, il faut que l'objet à brûler soit placé entre le miroir et le soleil, et que la position des vaisseaux des Romains à l'égard de Syracuse excluait cette disposition. Ensuite il explique le mécanisme des miroirs qu'Archimède employa, à peu près comme Tzetzès l'a transmis, et comme Buffon l'a exécuté.

Je me suis peut-être un peu trop étendu sur ce sujet particulier ; mais j'ai cru devoir éclaircir, autant qu'il m'a été possible, un problème intéressant sur lequel il restait encore de l'obscurité. Je finis par quelques observations générales.

Il y a dans la succession des connaissances humaines une malheureuse fatalité : les plus utiles, les plus nécessaires à nos besoins, se présentent presque toujours les dernières. Les anciens, qui savaient employer avec tant d'art, tant de succès, la propriété que les verres ont de brûler, ignoraient l'usage bien plus important, bien plus avantageux qu'on en fait aujourd'hui, pour grossir les objets, et pour

Examen de la question, si les anciens ont connu l'usage des lunettes.

aider la vue affaiblie. Je sais que cette opinion n'est pas conforme à celle des antiquaires fanatiques qui veulent à toute force que les anciens aient tout inventé, et ne nous aient laissé que la misérable gloire de les deviner et de les commenter. L'historien de l'académie des belles-lettres, s'exprime comme il suit, d'après le seul témoignage du savant Valois, sans daigner citer aucun ancien garant.

Académ. des belles-lettres, tom. I, p. III.

« On lit qu'un Ptolomée, roi d'Egypte, avait
» fait bâtir une tour, ou un observatoire,
» dans l'île où était construit le phare d'Alexan-
» drie, et qu'au haut de cette tour il avait fait
» placer des lunettes d'approche d'une portée
» si prodigieuse, qu'il découvrait de soixante
» milles les vaisseaux ennemis qui venaient
» à intention de faire quelque descente sur ses
» côtes. » Mais si les anciens avaient possédé en effet une invention si agréable, si nécessaire et si simple, est-il vraisemblable qu'elle se fût perdue même dans les temps de la plus grande barbarie? N'en existerait-il pas des vestiges bien marqués dans les anciens auteurs? N'aurait-elle pas fourni dans leurs langues, comme dans les langues modernes, une foule d'expressions métaphoriques? Comment se ferait-il que Sénèque qui vivait après le prétendu Ptolomée aux lunettes,

puisque l'Egypte devint une province romaine après la mort de Cléopâtre, comment se ferait-il, dis-je, que Sénèque n'en eût aucune connaissance, lui qui dit simplement que *de petites lettres vues au travers d'une bouteille de verre pleine d'eau, paraissent plus grosses,* sans rien ajouter qui ait trait aux lunettes. Les anciens, égarés par leur mauvaise physique sur la nature de la vision, n'imaginaient pas que par un mécanisme semblable à celui qui rassemble les rayons solaires en un foyer brûlant, on pouvait aussi rassembler une lumière douce et affaiblie, et former un faisceau de clarté qui favorise la fonction des yeux sans les blesser. Si l'on s'en tient aux preuves certaines, et non à de simples conjectures qu'on peut toujours former en donnant l'entorse à quelques passages des anciens auteurs, on demeurera convaincu que l'invention des besicles ou des lunettes à mettre sur le nez, est simplement de la fin du treizième siècle. Celle des grandes lunettes, des lunettes astronomiques, des télescopes, est encore plus récente d'environ trois cents ans. Les verres propres à former ces instrumens doivent être, ou de très-grandes sphères dont l'usage serait fort incommode et presque

Quæst. Nat.

impossible, ou de très-petites portions de grandes sphères, ce qui est d'une pratique facile qu'on suit effectivement. Mais le dernier moyen suppose l'art de tailler le verre : art qui paraît avoir été absolument inconnu aux anciens qui savaient seulement souffler le verre et en former des vases.

CHAPITRE VII.

Origine et progrès de l'Acoustique.

LE nom d'*Acoustique*, inconnu aux anciens, a été inventé par les modernes, pour désigner, d'une manière abrégée, la partie des Mathématiques, qui considère le mouvement du son, les lois de sa propagation, et les rapports que divers sons ont entr'eux. Il y a une analogie marquée entre l'Acoustique et l'Optique, tant du côté de la théorie, que des instrumens par lesquels on aide l'ouïe ou la vue.

L'air est le véhicule du son : lorsque l'on frappe un corps sonore, il frémit, fait des vibrations qu'il communique à l'air ambiant, et ce fluide les transmet, par des ondulations successives résultantes de son élasticité, jusqu'au tympan de l'oreille, espèce de tambour auquel aboutissent les nerfs auditifs. Le son a d'autant plus de plénitude ou de force, que le corps sonore est plus dense, plus élastique et plus violemment agité.

Une suite de sons qui se succèdent inégalement et sans ordre, ne forme qu'un simple bruit souvent très-désagréable. Mais lorsqu'il règne entre les sons des intervalles mesurés et des rapports assujettis à des lois constantes et régulières, il en résulte une harmonie, une modulation qui plaît à l'oreille. Telle est la source du plaisir que la musique fait à tous les peuples.

Dans la comparaison réciproque de deux sons, l'un est aigu ou grave relativement à l'autre. Cette différence provient du nombre plus ou moins grand de vibrations que le corps sonore fait en un temps donné. Qu'on ait, par exemple, deux cordes de violon également tendues, d'égales grosseurs, mais dont l'une soit double de l'autre en longueur, et qu'on les tire de la direction rectiligne pour les mettre en vibration : alors pendant que la corde simple fait deux vibrations, la corde double n'en fait qu'une seule ; le premier son est aigu, le second est grave. On dit de plus qu'ils sont à l'octave l'un à l'égard de l'autre, par la raison qu'ils forment les extrêmes des huit tons de la gamme musicale. La tension plus ou moins grande, mais toujours égale, des deux cordes, produit des sons plus ou moins forts, mais qui conservent entr'eux le même rapport.

Si vous voulez avoir les rapports des huit tons de la musique, vous y parviendrez en prenant huit cordes également tendues, de grosseurs égales, et dont les longueurs soient comme les nombres 1, $\frac{5}{6}$, $\frac{4}{5}$, $\frac{3}{4}$, $\frac{2}{3}$, $\frac{5}{8}$, $\frac{3}{5}$, $\frac{1}{2}$. Les nombres de vibrations que ces huit cordes feront dans un même temps, seront réciproquement proportionnels aux nombres précédens ; et vous entendrez le son fondamental ou le plus grave de tous, la tierce mineure, la tierce majeure, la quarte, la quinte, la sixte mineure, la sixte majeure et l'octave.

Les mêmes rapports peuvent s'obtenir par le moyen d'une seule corde, en la tendant diversement, de telle manière que les forces de tensions soient comme les nombres 1, $\frac{36}{25}$, $\frac{25}{16}$, $\frac{16}{9}$, $\frac{9}{4}$, $\frac{64}{25}$, $\frac{25}{9}$, 4.

Toutes ces propositions et plusieurs autres dérivent du théorème suivant : *Le nombre de vibrations que fait une corde, en un temps donné, est en général comme la racine quarrée du poids qui la tend, divisé par le produit fait du poids de la corde et de sa longueur.* Quoique ce théorème n'ait été trouvé que par les mécaniciens modernes, j'ai cru devoir le rapporter ici parce qu'il va nous servir à apprécier les expériences attribuées à Pythagore, auteur des premières découvertes qu'on ait faites dans cette matière.

An av. J. C.
4 C.

Nicomaque, ancien auteur d'Arithmétique, raconte que Pythagore passant un
jour devant un attelier de forgerons qui
frappaient un morceau de fer sur une en-
clume, il entendit avec surprise des sons
qui s'accordaient aux intervalles de quarte,
de quinte et d'octave ; qu'en réfléchissant sur
la cause de ce phénomène, il jugea qu'elle
dépendait du poids des marteaux, et que les
ayant fait peser, il trouva que le poids du
marteau le plus lourd, relatif au son fondamental, étant supposé représenté par 1,
les poids des trois marteaux relatifs à la
quarte, à la quinte et à l'octave en haut
étaient comme les nombres $\frac{3}{4}$, $\frac{2}{3}$, $\frac{1}{2}$. Nicomaque ajoute que Pythagore étant de re-
tour chez lui, voulut vérifier cette première
expérience par celle-ci : Il attacha horizon-
talement à un point fixe une corde qu'il
fit passer sur un chevalet, et qu'il tendit
plus ou moins, en la chargeant de différens
poids ; il la mit en vibration, et il trouva
que les poids correspondans à la quarte,
à la quinte et à l'octave en haut, étaient
entr'eux comme les poids des marteaux des
forgerons.

En appliquant à ces expériences le théorème cité, on voit, ou qu'elles ne sont point

exactes, ou qu'elles sont mal rapportées. Les longueurs de trois cordes, de même grosseur uniforme, qui, tendues par un même poids, donnent la quarte, la quinte et l'octave en haut, sont comme les trois fractions $\frac{3}{4}$, $\frac{2}{3}$, $\frac{1}{2}$; mais pour faire rendre la quarte, la quinte et l'octave en haut à une même corde, en la chargeant de différens poids, il faut que ces poids soient entr'eux comme les nombres $\frac{16}{9}$, $\frac{9}{4}$, 4. Il y a donc erreur, ou dans les rapports que Pythagore a trouvés entre les poids des marteaux, ou dans la manière dont on expose ses expériences. On aura cru sans doute que les trois poids différens qui tendant une même corde, donnent la quarte, la quinte et l'octave, étaient entr'eux comme les longueurs de trois cordes différentes également tendues, qui donnent les trois mêmes sons; ce qui n'est pas vrai. Quoi qu'il en soit, il est certain que ces premières idées de Pythagore ont été la véritable source de la théorie de la musique. Comme cet art proprement dit n'emprunte que très-peu de secours des Mathématiques, je ne m'étendrai pas davantage sur la musique des anciens, dont on trouve d'ailleurs l'histoire dans plusieurs ouvrages, et principalement dans les mémoires de l'académie des belles-lettres. Mais je

I.   13

reviendrai dans la suite à la théorie géométrique des cordes vibrantes, et du mouvement de l'air dans un tuyau : théorie qui est
née dans ces derniers temps.

FIN DE LA PREMIÈRE PÉRIODE.

SECONDE PÉRIODE.

ÉTAT

DES MATHÉMATIQUES,

depuis leur renouvellement chez les Arabes
jusque vers la fin du quinzième siècle.

Les Mathématiques florissaient toujours en
Grèce et principalement dans l'école d'Alexandrie, lorsqu'un peu avant le milieu du septième siècle, il s'éleva contre elles une affreuse
tempête, qui les menaçait d'une ruine totale
dans ces climats. Pleins de l'enthousiasme
que leur inspirait une religion guerrière, les
successeurs de Mahomet ravagèrent la vaste
étendue de pays, depuis l'Orient jusqu'à la
partie méridionale de l'Europe. Les artistes
et les savans rassemblés de toutes parts au
musée d'Alexandrie, furent chassés honteusement. Quelques-uns devinrent les victimes
de la violence des conquérans ; les autres

An de J. C.
638.

* 13.

allèrent traîner dans les pays éloignés les restes d'une vie languissante. On détruisit les lieux et les instrumens qui avaient servi à faire une immense quantité d'observations astronomiques. Enfin ce précieux dépôt des connaissances humaines, la bibliothèque des rois d'Egypte, qui avait déjà souffert un incendie sous Jules César, fut entièrement livrée aux flammes par les Arabes : le calife Omar ordonna qu'on brûlât tous ces livres, *parce que*, disait-il, *s'ils sont conformes à l'alcoran ils sont inutiles, et s'ils y sont contraires ils doivent être abhorrés et anéantis :* raisonnement bien digne d'un brigand fanatique !

Il semblait que le sort des sciences attaquées et détruites dans le centre de leur empire était absolument désespéré. Mais cette même vicissitude qui produit tant de malheurs et tant de crimes, amène aussi quelquefois des révolutions avantageuses au genre humain. Tel fut le changement qui se fit bientôt dans les mœurs des Arabes. Ces peuples, comme tous ceux de l'Orient, avaient eu autrefois quelques notions des sciences et principalement de l'Astronomie. Si le fanatisme d'une religion sanguinaire étouffa d'abord ces germes précieux, il n'en dessécha pas entièrement les racines. Lorsque ces différentes nations furent

lasses de s'exterminer mutuellement, leur fé-
rocité s'adoucit, et le loisir de la paix rappela
l'esprit actif des Arabes à des occupations
moins vides et plus attachantes que les disputes
sur les dogmes de l'alcoran. A peine s'était-
il écoulé cent vingt ans depuis la mort de
Mahomet, qu'ils commencèrent à cultiver
eux-mêmes les arts et les sciences qu'ils
avaient voulu proscrire. Ils eurent bientôt des
poëtes, des orateurs, des mathématiciens, etc.
On compte dans ce nombre plusieurs califes
chez les Arabes; et ensuite plusieurs empereurs chez les Persans, quand ce dernier peuple
se fut séparé du premier.

Les Arabes puisèrent dans une étude assi-
due des auteurs grecs les principes de toutes
les parties des Mathématiques. Munis de ces
connaissances, ils devinrent les émules de
leurs maîtres, et se mirent en état de les traduire, de les commenter, et d'ajouter quelquefois à leurs découvertes. Plusieurs ouvrages
grecs ne nous sont parvenus quant au fond
que par les traductions des Arabes. Ce même
peuple en instruisit d'autres, et les sciences se
renouvelèrent avec un succès que la postérité
ne doit pas oublier. Entrons dans quelques
détails.

CHAPITRE PREMIER.

Arithmétique et Algèbre des Arabes.

L'INGÉNIEUX système de numération arithmétique dont tous les peuples modernes se servent, est un bienfait des Arabes. Il a sur tous les anciens systèmes l'avantage de la clarté et de la simplicité. On sait qu'avec dix caractères auxquels on fait occuper différentes places, on peut exprimer de la manière la plus commode un nombre immense par la multitude de ses unités. Quelques écrivains prétendent que les Arabes tenaient cette idée des Indiens. Les raisons qu'ils en apportent ne me paraissent pas fort convaincantes. Sans entrer dans cette discussion oiseuse, je me contenterai d'observer que nous devons immédiatement aux Arabes l'Arithmétique telle que nous la pratiquons aujourd'hui. Le célèbre Gerbert, qui fut dans la suite pape sous le nom de Silvestre II, alla puiser cette science en Espagne où les Arabes dominaient alors, et il la répandit dans le reste de l'Europe, vers l'an 960.

Les premières notions de l'Algèbre qu'on trouve dans Diophante furent développées par les Arabes. Cardan regarde même ces peuples comme les véritables inventeurs de l'Algèbre. Le célèbre analiste Wallis, adoptant cette opinion, en donne pour raison que les Arabes emploient dans la dénomination des puissances un système différent de celui de Diophante : d'où il conclut que les principes sont aussi différens. Dans l'auteur grec, la deuxième puissance, la troisième, la quatrième, la cinquième, la sixième, etc. sont appelées le *quarré*, le *cube*, le *quarré-quarré*, le *quarré-cube*, le *cube-cube*, etc.; de sorte que chaque puissance prend sa dénomination des deux puissances inférieures dont elle est le produit : chez les Arabes, elles sont le *quarré*, le *cube*, le *quarré-quarré*, le *premier sur-solide*, le *quarré-cube*; le *second sur-solide*, etc., où l'on voit que celles des puissances qui ne sont pas le produit de deux puissances de même espèce, sont appelées sur-solides. Par exemple, dans Diophante, le quarré-cube, ou le quarré multiplié par le cube, forme la cinquième puissance : les Arabes entendent par la même expression le quarré du cube, ou le cube du quarré, ce qui forme chez eux la sixième puissance. Nos lecteurs apprécieront la force de cette conjecture de Wallis.

Nous ne connaissons pas bien exactement l'étendue des progrès que les Arabes avaient faits dans l'Algèbre; mais nous avons quelques indices qu'ils étaient parvenus jusqu'à résoudre les équations du troisième degré et même quelques cas particuliers du quatrième : en quoi ils sont allés plus loin que Diophante qui ne passe pas le second degré. On assure en preuve, qu'il existe dans la bibliothèque de Leyde un manuscrit arabe qui a pour titre : *L'Algèbre des équations cubiques*, ou *la Résolution des problèmes solides*.

CHAPITRE II.

Géométrie des Arabes.

On compte plusieurs savans géomètres arabes. Leur premier soin fut de traduire les ouvrages élémentaires des Grecs, tels que les Élémens d'Euclide, le traité *de Sphæra et Cylindro* d'Archimède, les *Sphériques* de Théodose, le traité des *Triangles sphériques* de Ménélaüs, etc. Bientôt ils s'élevèrent à la Géométrie transcendante ou des courbes anciennes : la doctrine des *coniques* d'Apollonius leur devint familière, et nous n'avons même le cinquième, le sixième et le septième livres de cet ouvrage, que par une traduction arabe. De proche en proche leurs connaissances s'étendirent à la Statique et à l'Hydrostatique. L'ouvrage d'Archimède *de Humido insidentibus* ne nous est arrivé que par eux.

La Géométrie pratique et l'Astronomie doivent aux Arabes l'éternelle reconnaissance d'avoir donné au calcul trigonométrique la forme simple et commode qu'il a aujourd'hui. Ils réduisirent la théorie de la résolution des

Trigonométrie perfectionnée par les Arabes.

triangles, tant rectilignes que sphériques, à un petit nombre de propositions faciles ; et par la substitution qu'ils introduisirent des *sinus* à la place des *cordes* des arcs doubles qu'on employait auparavant, ils portèrent dans les calculs des abréviations inestimables pour ceux qui ont à résoudre un grand nombre de triangles. On attribue principalement ces découvertes à un géomètre astronome appelé *Mohammed-Ben-Musa*, auteur d'un ouvrage subsistant, intitulé : *De Figuris planis et sphæricis*, et à un autre géomètre astronome plus connu, *Geber-Ben-Aphla*, qui vivait dans le onzième siècle, et dont nous avons un commentaire sur Ptolomée.

On a sur la Géodésie un ouvrage élégant de *Mahomet* de Bagdad, ouvrage que quelques auteurs ont attribué à Euclide, sans en donner aucune raison.

CHAPITRE III.

Astronomie des Arabes.

L'ASTRONOMIE est la partie des Mathématiques que les Arabes ont le plus cultivée, et dans laquelle ils ont fait les découvertes les plus remarquables. Un grand nombre de leurs califes ont été eux-mêmes d'excellens astronomes. Rien n'égale la magnificence des observatoires et des instrumens qu'ils firent construire pour le progrès de cette science, qui a plus besoin que toutes les autres de la protection des souverains.

Je ne citerai ici que les principaux astronomes arabes; et parmi eux je distinguerai surtout les califes qui l'ont mérité, parce que les exemples des princes qui, à la gloire de bien gouverner les hommes, joignent encore celle de les éclairer, ont un droit particulier au respect, à l'admiration et à la reconnaissance de la postérité.

Les Arabes réglaient le temps sur le mouvement de la lune. Leurs mois étaient alternativement de 29 jours et de 30 jours; ce qui

Les Arabes comptaient le temps par les révolutions lunaires.

donnait 354 jours pour la durée de l'année lunaire. Mais comme le mois synodique, ou la durée de chaque révolution lunaire par rapport au soleil, est de 29 jours 12 heures 44 minutes 5 secondes, la durée de l'année lunaire arabe était moindre que la durée véritable de douze révolutions lunaires par rapport au soleil, de 8 heures 48 minutes 56 secondes. Aussi pour faire disparaître cette différence qui laissait la lune en arrière du soleil, dans leurs mouvemens d'Occident en Orient, et pour faire coïncider les positions de ces deux astres, on ajoutait de temps en temps un jour à la période de 354 jours.

Parmi les différentes branches de l'Astronomie, la théorie du soleil attira d'abord l'attention des Arabes, et les occupa pendant très-long-temps. Ils ne tardèrent pas à reconnaître que Ptolomée avait trouvé, ou supposé l'obliquité de l'écliptique un peu trop grande. Flamsteed rapporte, dans son *Histoire céleste*, la suite de leurs travaux sur ce sujet: on les voit continuellement approcher de la vérité; et enfin, au bout d'environ sept cents ans, ils parviennent à déterminer l'obliquité de l'écliptique avec la même exactitude à peu près, que la donnent les meilleures observations modernes: résultat d'autant plus singulier, qu'ils

Les Arabes ont fait perfectionné la théorie du soleil.

n'avaient pas comme nous le secours des lunettes.

Un des principaux astronomes arabes a été le calife Abou-Giafar, surnommé *Almansor*, ou le *Victorieux* : prince philosophe et appliqué, curieux de toutes les sciences, et principalement de l'Astronomie, à laquelle il donnait le temps dont ses devoirs indispensables lui permettaient de disposer. Son règne est l'époque où tout le système des connaissances humaines reçoit chez les Arabes une impulsion toujours croissante pendant plusieurs siècles.

Presque tous les successeurs d'Almansor eurent les mêmes goûts pour les sciences. Son petit-fils Haroun, surnommé *Al-Raschild*, cultiva la Mécanique et l'Astronomie. Dans une ambassade solennelle qu'il envoya en 799, à notre roi Charlemagne, sur sa grande réputation, il lui fit présent d'une clepsydre ou horloge d'eau, très-ingénieuse. Douze petites portes coupaient le cadran et formaient la division des heures ; chacune de ces portes s'ouvrait à l'heure qu'elle indiquait, et donnait passage à des boules qui tombaient successivement sur un timbre d'airain, et frappaient l'heure : chaque porte restait ouverte, et à la douzième heure, douze petits cavaliers

ALMANSOR, commence à régner en 754, meurt en 775.

RASCHILD, commence à régner en 786, meurt en 809.

sortaient ensemble, faisaient le tour du cadran, et refermaient toutes les portes. Cette machine étonna l'Europe, où les exercices de l'esprit ne roulaient que sur des futilités théologiques ou grammaticales.

Haroun eut deux fils, qui régnèrent successivement après lui. Le second nommé *Almamon*, instruit dans les sciences par *Musva*, médecin chrétien, mit tout en usage, bienfaits, exhortations, exemple, pour porter ses sujets à s'y livrer avec ardeur. Il fit traduire tous les ouvrages grecs qu'il put se procurer, et en particulier l'Almageste de Ptolomée. Quelques auteurs rapportent même que dans un traité de paix, où il imposa des lois à l'empereur grec Michel III, il exigea qu'on lui donnerait plusieurs manuscrits grecs, que possédaient les empereurs de Constantinople. Il faisait lui-même des observations; il en indiquait d'autres, que ses affaires ne lui permettaient pas de suivre: comme, par exemple, celles qu'on fit par ses ordres à Bagdad et à Damas, sur l'obliquité de l'écliptique, qu'on trouva de vingt-trois degrés trente-cinq minutes; résultat plus approchant de la vérité que tous ceux des anciens astronomes. Il fit mesurer dans la plaine de Singiar, sur les bords de la mer Rouge, la valeur d'un degré de la terre. Malheureusement on ne connaît que d'une manière vague et incertaine le rapport de notre toise avec la mesure arabe qu'on y employa, et on ignore jusqu'à quel point cette valeur s'accorde avec celle qui a été prise dans ces derniers temps. Enfin, pour faciliter de plus en plus l'étude et les progrès de l'Astronomie, Almamon fit composer, par les hommes les plus instruits dans cette science, un ouvrage intitulé : *Astronomia elaborata a compluribus D. D. jussu Regis Maimon*, qui subsiste encore en manuscrit dans plusieurs bibliothèques. La ville de Bagdad, située à peu près au même endroit que l'ancienne Babylone, fut embellie et accrue par ses soins ; elle devint le séjour ordinaire des califes. Il y avait dans cette ville des écoles pour toutes les sciences, et une en particulier pour l'Astronomie. Almamon emporta dans le tombeau la gloire d'avoir été le prince le plus humain, le plus sage et le plus savant, qui eût encore occupé le trône des califes.

Dans le siècle d'Almamon fleurirent plusieurs astronomes célèbres, parmi lesquels on remarque surtout Alfraganus, Thebit-Ibn-Chora et Albaténius.

Alfraganus composa des élémens d'Astronomie : livre presque classique autrefois, même dans l'Occident, et dont il a été fait plusieurs éditions depuis la naissance de l'imprimerie. Il écrivit aussi des traités sur les *horloges solaires* et sur l'*Astrolabe*, conservés en manuscrit dans quelques bibliothèques. On raconte qu'il avait une extrême facilité à faire les calculs les plus compliqués ; ce qui le fit surnommer le *calculateur*.

An de J. C.
860.

Thébit était analiste, géomètre et astronome. On cite de lui une observation de l'obliquité de l'écliptique qu'il trouva de vingt-trois degrés trente-trois minutes trente secondes. Il imagina de rapporter le mouvement du soleil, non pas aux points équinoxiaux qui sont mobiles, mais aux étoiles fixes ; et il parvint à déterminer la longueur de l'année sydérale à peu près telle qu'on la trouve aujourd'hui : résultat heureux qu'on ne peut guère attribuer qu'au hasard, car Ptolomée, dont les Arabes suivaient en général la doctrine, avait un peu embrouillé les élémens du problème. Cette réflexion acquerra une nouvelle force, si l'on considère que Thébit n'avait pas une idée bien juste de la position des étoiles par rapport au ciel fixe : il pensait, avec Hipparque et Ptolomée, qu'elles avaient un petit mouvement d'Occident en Orient ; mais il ajoutait, et son opinion trouva croyance, qu'au bout d'un certain temps elles revenaient sur leurs pas, puis reprenaient leur première direction pour rétrograder de nouveau ; ainsi de suite alternativement ; d'où résultait une espèce de *trépidation* dont les mouvemens partiels étaient de plus sujets à des inégalités : système détruit par les observations. Thébit admettait un semblable mouvement de trépidation dans l'obliquité de l'écliptique.

Albaténius a été un des plus grands promoteurs de l'Astronomie. Ses nombreuses observations et les connaissances importantes qu'il en a tirées, l'ont fait surnommer le Ptolomée des Arabes, comparaison peut-être honorable au Ptolomée grec du côté du génie. Il fut commandant pour les califes en Syrie, et il fit ses observations en partie à Antioche, capitale de son gouvernement, en partie à Aracte, ville considérable de la Mésopotamie. Voici une idée succincte de ses travaux.

An de J. C. 879.

Une discussion exacte des anciennes observations, et la comparaison qu'il en fit avec les siennes propres, lui firent connaître que Ptolomée avait trop ralenti le mouvement des étoiles en longitude, en le supposant seulement d'un degré en cent ans ; et il trouva à peu près le même résultat qu'Hipparque, c'est-à-dire, que ce mouvement était d'un degré en

Albaténius détermine à peu de chose près le mouvement des étoiles en longitude.

I.

soixante-dix ans. Suivant les observations modernes, il est d'un degré en soixante-douze ans.

Il détermine très-exactement l'excentricité de l'écliptique.

Albaténius approcha davantage de la vérité dans la recherche de l'excentricité de l'orbite solaire. Il s'en faut très-peu de chose qu'il ne l'ait trouvée telle que les observations modernes la donnent. Il y a même des astronomes de ces derniers temps qui regardent la mesure d'Albaténius comme très-exacte, sauf les petites erreurs inévitables dans les résultats des meilleures observations.

Il fait la durée de l'année trop courte d'environ 2 minutes.

Son calcul de la durée de l'année qu'il faisait de 365 jours 5 heures 46 minutes 24 secondes, s'écarte en moins d'environ deux minutes de la véritable durée. Mais le célèbre Halley a fait voir que l'erreur d'Albaténius vient de sa trop grande confiance aux observations de Ptolomée, et que s'il avait comparé immédiatement ses propres observations avec celles d'Hipparque, il aurait beaucoup plus approché de la vérité.

Albaténius découvre le mouvement de l'apogée du soleil.

Avant l'astronome arabe, on regardait l'apogée du soleil comme immobile: Albaténius fit voir que ce point a un petit mouvement suivant l'ordre des signes, lequel surpasse un peu celui des étoiles: recherche délicate dont les observateurs modernes et la théorie de la

gravitation universelle ont démontré la nécessité et l'importance.

Enfin ayant reconnu l'insuffisance et les défauts des théories de Ptolomée sur les mouvemens des planètes, Albaténius mit tous ses
soins à les corriger et à les perfectionner. La
découverte qu'il avait faite du mouvement de
l'apogée du soleil, lui fit soupçonner de semblables inégalités dans les mouvemens des
autres planètes; et les théories modernes ont
encore converti ce soupçon en certitude. Au
moyen de toutes ces connaissances, Albaténius substitua de nouvelles tables à celles de
Ptolomée, et par-là il rendit un service essentiel aux astronomes, celui de faciliter ou d'a-
bréger leurs calculs pour un temps. Je dis *pour
un temps*, car on sait que même aujourd'hui
les meilleures tables ont besoin d'être corri-
gées et rectifiées à mesure que les observations
se multiplient et se perfectionnent. Les ouvrages d'Albaténius ont été recueillis en un
volume *in-4°*. sous ce titre : *De Scientiâ
stellarum*, dont il y a eu deux éditions, l'une
en 1537, l'autre en 1646.

On cite une foule de savans arabes qui,
pendant plusieurs siècles, continuèrent d'observer le ciel, et de perfectionner toutes les
branches de l'Astronomie. Non-seulement

Il rectifie les théories de Ptolomée sur les mouve-mens des pla-nètes, cons-truit de nou-velles tables, etc.

14.

ces peuples cultivaient les Mathématiques, ils en étaient encore les apôtres : ils les portaient et les répandaient chez toutes les nations soumises à leur puissance. Montucla donne dans son *histoire* une ample liste de mathématiciens, arabes de nation, ou disciples des Arabes, et quelques notices de leurs ouvrages. La plupart de ces détails étant liés à des noms barbares que je ne pourrais rapporter sans fatiguer mes lecteurs, je me borne toujours aux principaux traits qui peuvent servir à faire connaître les obligations que les sciences ont aux Arabes.

Sciences en Egypte.

· En Egypte, l'astronome *Ibn-Ionis* fit, sous la protection du calife *Azir-Ben-Akim*, plusieurs observations qui nous sont parvenues avec celles de plusieurs autres astronomes, dans une espèce d'histoire céleste qu'il écrivit, et qui existe en manuscrit dans la bibliothèque de Leyde. Il y a dans cet ouvrage vingt-huit observations d'éclipses de soleil ou de lune, faites par les astronomes arabes, depuis l'année 829 jusqu'à l'année 1004 ; sept observations d'équinoxes, depuis l'année 830 jusqu'à l'année 851 ; une observation du solstice d'été en l'année 832. Trois éclipses, observées près du Caire, aux années 977, 978 et 979, ont fourni un résultat remarquable, la preuve que le

mouvement moyen de la lune est sujet à une petite accélération qui, venant à s'accumuler par
la suite des siècles, doit entrer dans les élémens
du calcul astronomique. Toutes ces richesses
ayant fait désirer à l'institut national de France
d'avoir communication du manuscrit de Leyde,
la république batave le lui a fait remettre et
confier, par son ambassadeur. On l'a examiné
avec soin; on n'y a pas trouvé d'autres observations que celles dont je viens de parler : il
ne donne aucun des renseignemens qu'on es-
pérait sur les instrumens des Arabes et leur
manière d'observer; mais il a fourni quelques
corrections intéressantes pour le fragment
dont Delisle avait obtenu une copie qui est
aujourd'hui entre les mains du citoyen Mes-
sire, membre de l'institut national : fragment
dont le citoyen Caussin, professeur de langue
arabe au collège national de France, a fait
une traduction qu'on imprime avec le texte
à côté. Ibn – Ionis avait encore composé des
tables astronomiques, célèbres et long-temps
utiles dans l'Orient.

Les Arabes établis dans l'Espagne, dont Sciences en
Espagne.
ils avaient conquis la plus grande partie, au
huitième siècle, y cultivèrent les sciences avec
la même ardeur, le même succès que dans
l'Orient. L'Astronomie était principalement

l'objet de leurs travaux. Ils bâtirent des observatoires dans plusieurs villes d'Espagne. Arsachel, l'un des plus distingués entr'eux, perfectionna la théorie du soleil. Par une méthode plus simple et plus susceptible d'exactitude que celles dont Hipparque et Ptolomée s'étaient servis, il fit quelques changemens heureux dans les dimensions qu'ils avaient données à l'orbite solaire. On croit aussi qu'il découvrit dans le mouvement du soleil certaines inégalités dont les observations modernes et la théorie neutonienne ont depuis constaté l'existence; ce qui l'a fait regarder comme un astronome très-exact et très-attentif. Il composa un recueil de tables intitulé: *Tabulæ Toledanæ*, du nom de la ville de Tolède, où il faisait sa résidence.

An de J. C.
1100.

Alhazen, autre Arabe célèbre fixé en Espagne, nous a laissé un traité d'*Optique*, qui contient le premier essai de théorie qu'on ait donné de la réfraction et du crépuscule. Il les fait dépendre, non des vapeurs accumulées dans le voisinage de l'horizon, mais de la différente transparence qui se trouve dans l'air qui environne la terre, ou dans une matière éthérée, placée au-delà: il enseigne même de quelle manière on peut s'assurer, par l'observation, de la différence que la réfraction

produit entre le lieu apparent d'un astre et le
lieu véritable. Ce n'est pas dans la réfraction
qu'il faut chercher, selon lui, la cause de la
grandeur extraordinaire du soleil et de la lune
à l'horizon, mais plutôt un effet contraire.
Malebranche a depuis employé et développé
la même doctrine; et comme il ne cite point
Alhazen, on doit présumer qu'il ne connaissait pas son ouvrage. Quelques auteurs prétendent qu'Alhazen n'a fait que traduire ou
commenter un ouvrage que Ptolomée avait
composé sur la même matière : ouvrage cité
par d'autres écrivains arabes, et maintenant
perdu. Cette opinion peut être contredite,
puisque les anciens astronomes et Ptolomée
lui-même, n'avaient point égard à l'effet des
réfractions dans les observations astronomiques : du moins Alhazen a la gloire d'avoir
indiqué clairement cet effet, et d'avoir fait
sentir la nécessité d'en tenir compte.

On place encore en Espagne, à peu près
vers le même temps, plusieurs autres mathématiciens arabes, tels que *Geber*, regardé mal
à propos, d'après son nom, comme inventeur
de l'Algèbre, mais auteur d'une traduction de
l'Almageste, et de deux théorèmes de Trigonométrie sphérique, très-commodes pour la
résolution des triangles rectangles; *Almansor*

ou *Almeon*, qui fit une très-bonne observation de l'obliquité de l'écliptique; Averroës,
célèbre médecin de Cordoue, abréviateur et
commentateur de Ptolomée, très-savant pour
son temps, dans la Physique et les Mathématiques, etc.

Quelques-uns de ces anciens savans arabes
se transplantèrent par goût dans les pays du
nord de l'Europe : les connaissances qu'ils y
portèrent se confondirent avec celles de leurs
disciples, et aujourd'hui il est impossible de
faire le partage des unes et des autres.

CHAPITRE IV.

Sciences chez les Persans.

Les Persans qui, jusque vers le milieu du onzième siècle, n'avaient fait qu'un même peuple avec les Arabes, ayant alors secoué le joug des califes, n'abandonnèrent pas l'étude des sciences au milieu des troubles de la guerre. Ils ont eu des algébristes, des géomètres et surtout des astronomes très-distingués.

Un géomètre *Loggia Nassir,* ou le docteur *Nassir,* avait composé plusieurs ouvrages très-estimés de son temps ; il nous reste de lui un commentaire sur Euclide, imprimé en 1590, en sa langue naturelle, c'est-à-dire en arabe. *Nassir-Eddin,* autre géomètre plus connu, a donné plusieurs démonstrations très-ingénieuses de la quarante-septième proposition du premier livre d'Euclide, rapportées par Clavius. Elles procèdent par une simple transposition de parties avec lesquelles Nassir-Eddin compose, tantôt le quarré de l'hypothénuse, tantôt les quarrés des deux autres côtés du triangle rectangle. Il fit une version

An de J.C.
1050.

Géomètres
persans.

exacte des *coniques* d'Apollonius, à quoi il ajouta un commentaire dont Halley s'est servi utilement pour traduire le cinquième, le sixième et le septième livre de cet important ouvrage.

On trouve, dans le même temps, un autre géomètre persan, très-célèbre, appelé *Maimon-Reschild*. Il avait commenté Euclide : son enthousiasme pour la Géométrie était tel, qu'il en portait toujours certaines figures favorites sur les manches de ses habits.

Tous ces anciens géomètres persans avaient recueilli soigneusement les écrits des Grecs, et s'étaient instruits à fond de leur doctrine. On prétend qu'encore aujourd'hui on conserve dans la Perse plusieurs ouvrages grecs que nous n'avons pas.

CHAPITRE V.

De l'Astronomie persanne en particulier.

LES anciens Perses, dès le temps de *Darius Occhus*, avaient fait un grand nombre d'observations. Ils s'étaient attachés particulièrement à déterminer la longueur de l'année solaire, à laquelle ils rapportaient toutes les mesures du temps. Ayant fixé sa durée à 565 jours 6 heures, ils faisaient disparaître les six heures, fraction du jour, par l'intercalation d'un mois de trente jours, tous les cent vingt ans; ce qui revient à l'intercalation d'un jour tous les quatre ans dans l'année julienne. De plus ils plaçaient le treizième mois intercalaire successivement le premier, puis le second de l'année, ainsi de suite, de sorte qu'il faisait une révolution entière, et donnait lieu à diverses cérémonies religieuses. Lorsque les Persans reçurent la loi des Arabes, l'usage où étaient les vainqueurs de compter par les révolutions lunaires devint aussi celui des vaincus. Mais ces derniers devenus libres, reprirent leur ancienne méthode, vers l'année 1079. Alors l'astronome persan *Omar-Cheyam*, pour rectifier

An de J. C. 1079.

l'ancien calendrier de sa nation, fondé sur une hypothèse d'une année trop longue d'environ onze minutes, imagina d'ajouter sept fois de suite un jour à chaque quatrième année, et puis un jour à la cinquième année; ce qui est la même chose que si on eût intercalé un jour à chaque trente-troisième année. Ce système, qui approche fort de la vérité, fut adopté, et a été conservé par les Persans.

Plusieurs empereurs de cette nation protégèrent vivement l'Astronomie. C'était une espèce de religion de l'état. Un auteur grec, nommé *Chioniades*, qui vivait au treizième siècle, rapporte que les Persans étaient tellement jaloux de leurs connaissances dans cette partie, qu'il était défendu par une loi de les communiquer à des étrangers, excepté dans certains cas très-rares, soumis à la décision des empereurs. Cette défense était fondée sur une prophétie qui portait que les chrétiens renverseraient un jour l'empire persan par des moyens puisés dans la science de l'Astronomie. Chioniades eut lui-même bien de la peine à être admis aux leçons des astronomes persans, quoiqu'il eût été fort recommandé par l'empereur de Constantinople, lié alors d'amitié et d'intérêt avec celui de Perse. De ce commerce, il rapporta dans la Grèce des tables astrono-

miques très - exactes, suivant Bouillaud, eu
égard au temps où elles avaient été calculées.

Un descendant de Genghis - Kan, nommé
par les uns *Holagu - Ilecou - Kan*, par les
autres *Houlagou - Kan*, qui conquit la Perse,
vers l'an 1264, honora les sciences qu'elle cul-
tivait, et ne sembla plus occupé le reste de sa
vie qu'à les faire fleurir dans les vastes pays de
sa domination. Il fit construire dans la ville de
Maragha, voisine de Tauris, capitale de la
Médie, un observatoire où il rassembla un
grand nombre d'astronomes, sous la présidence de Nassir - Eddin, dont nous avons déjà
parlé. Cette société était une espèce d'académie d'autant plus florissante, qu'elle recevait
toutes sortes d'encouragemens d'un prince magnifique, et lui - même très - savant. Nassir-
Eddin composa plusieurs ouvrages astronomiques, entr'autres une théorie des mouvemens célestes, un traité de l'Astrolabe, et des
tables astronomiques qu'il intitula *Tables
itecaliques*, pour laisser un monument de sa
reconnaissance envers son bienfaiteur. On raconte qu'*Holagu* se sentant près de sa fin, se
fit transporter au milieu des savans, et qu'il
voulut rendre les derniers soupirs entre leurs
bras, les regardant comme ses enfans et les
véritables hérauts de sa gloire.

HOLAGU commence à régner en 1254, meurt en 1269.

ULUGH-BEIGH
commence à
régner en 1420,
meurt en 1449.

Son exemple fut surpassé par un prince tar-
tare, le fameux *Ulugh - Beigh*, petit -fils de
Tamerlan. Non - seulement Ulugh - Beigh en-
couragea les sciences comme souverain, il est
compté lui - même au nombre des plus savans
hommes de son siècle. Il établit dans la ville
de *Samarcande*, capitale de son empire, une
nombreuse assemblée ou académie d'astronomes, et il fit construire pour leur usage les
instrumens les plus grands et les plus parfaits
qu'on eût encore vus. Il s'informait de tous
leurs travaux; il observait lui - même le ciel
avec assiduité. Quelques historiens rapportent
que pour déterminer la latitude de Samarcande,
il employa un quart de cercle dont le rayou
égalait la hauteur du temple de sainte Sophie
à Constantinople, laquelle est d'environ 180
pieds; mais la construction d'un si grand quart
de cercle est physiquement impossible : il y a
toute apparence que les historiens dont il s'agit,
peu au fait de l'Astronomie, ont pris un simple
gnomon pour un quart de cercle. La latitude
de Samarcande fut trouvée de 29 degrés 37
minutes. Au moyen du même instrument, on
fixa l'obliquité de l'écliptique à 23 degrés 30
minutes 20 secondes : résultat qui, surpassant
d'environ deux minutes celui des observations
modernes, a fait penser que l'obliquité de

l'écliptique va en diminuant; c'est un point sur lequel on n'est pas assez instruit. Ulugh-Beigh avait composé plusieurs ouvrages en partie imprimés, en partie en manuscrits dans quelques bibliothèques. Les principaux sont un catalogue d'étoiles, et des tables astronomiques, les plus parfaites que l'on connût alors dans l'Orient. Ce prince méritait, par ses vertus et ses talens, les hommages de toute la terre : il fut assassiné par son propre fils, à l'âge de cinquante-huit ans.

Les troubles qui suivirent cet affreux événement, plongèrent la Perse dans la barbarie. Bientôt les savans disparurent. L'Astronomie alla toujours en déclinant dans ces pays, au point qu'elle n'y est plus aujourd'hui qu'un amas de visions astrologiques, et qu'à peine les Persans savent calculer grossièrement une éclipse, d'après quelques pratiques routinières, fondées sur des théories qu'ils n'entendent pas.

CHAPITRE VI.

Sciences chez les Turcs.

QUELQUES rayons échappés de la science des Arabes, pénétrèrent chez les Turcs. Lors de la fondation de leur empire vers l'an 1220 de Jésus - Christ, il s'y forma des *médresses* ou *colléges*, dans lesquels on enseignait et on enseigne encore aujourd'hui la Géométrie et l'Astronomie. Une première impulsion porta d'abord assez loin les connaissances des Turcs dans toutes les parties des Mathématiques. Peu à peu elles s'affaiblirent, comme celles de leurs maîtres. Cependant aujourd'hui même les Turcs ne sont pas tout à fait aussi ignorans qu'on le croit ordinairement. M. Toderini, auteur italien, qui a écrit un ouvrage intitulé *Della Litteratura Turquesca*, assure qu'ils sont très - versés dans l'Arithmétique; qu'ils font les calculs numériques avec une promptitude extraordinaire; que quelques - uns d'entr'eux ont poussé l'Algèbre aussi loin que nous; que la Géométrie est enseignée avec succès dans leurs médresses; et qu'enfin ils cultivent l'Astronomie, par deux puissantes raisons, dont l'une est la nécessité de régler le temps, l'autre est le goût qu'ils ont pour l'Astrologie judiciaire, qui ne peut se passer du secours de l'Astronomie elle-même. Je n'en dirai pas davantage, et je ne reviendrai plus sur un peuple qui, après tout, n'a jamais fait aucune découverte dans les sciences.

I.

CHAPITRE VII.

Sciences chez les Chinois et chez les Indiens.

Sciences chez les Chinois. S'il fallait discuter la haute opinion qu'on a eue jusqu'à nos jours du savoir des Chinois dans tous les genres, elle ne trouverait pas un appui bien solide dans la période qui nous occupe. L'Arithmétique et la Géométrie de cette nation demeurent toujours très-imparfaites : nulle théorie nouvelle, nulle application intéressante des principes de la Mécanique. A la vérité, les Chinois ont beaucoup observé les astres ; mais toutes leurs observations ne roulent que sur les objets les plus communs de l'Astronomie, tels que les éclipses, les positions des planètes, les hauteurs solsticiales du soleil, les occultations des étoiles par la lune : on n'en voit sortir aucun résultat important pour le progrès de cette science. Je remarquerai seulement que l'empereur Kobilai, le cinquième successeur de Genghis-Kan à la Chine, et celui qui y fonda la dynastie des *Iven*, en 1271, fut un grand protecteur de l'Astronomie. Il était frère de *Holagu*, dont nous avons parlé, et il avait à peu près mêmes inclinations. Il établit pour chef du tribunal des Mathématiques, *Co-Cheon-King*, observateur laborieux, qui porta dans l'Astronomie chinoise une précision à laquelle on n'était pas encore arrivé. Mais cet éclat ne fut que passager ; l'Astronomie chinoise retomba dans sa première langueur, et ne s'en releva un peu qu'environ un siècle après, sous les empereurs d'une nouvelle dynastie, qui donnèrent la direction du tribunal des Mathématiques à des astronomes mahométans.

Nous serons encore plus courts sur l'histoire des sciences chez les Indiens au même temps. Leurs connaissances n'avaient jamais passé le cercle des Mathématiques élémentaires ; leur Astronomie eut à peu près le même sort que celle des Persans après la mort d'Ulugh-Beigh.

Sciences des Indiens.

CHAPITRE VIII.

Sciences chez les Grecs modernes.

Les savans qui, à la destruction de l'école d'Alexandrie, s'étaient dispersés dans toutes les parties de la Grèce, contribuèrent d'abord à y entretenir le goût des Mathématiques; mais dans l'état d'abandon où elles y étaient réduites, elles ne pouvaient manquer de décliner sans cesse. Il se passa en effet plusieurs siècles avant qu'aucun Grec moderne montrât la moindre étincelle du génie qui avait animé Euclide, Archimède, Apollonius, etc. Zonaras et Tzetzès, que nous avons cités à l'occasion des miroirs ardens d'Archimède, ne sont que des compilateurs, souvent même assez peu instruits dans les matières dont ils traitent. Enfin, au commencement du quinzième siècle, *Emanuel Moscopule*, moine grec, fit la très-ingénieuse découverte des *quarrés magiques*. Il est vrai qu'elle n'est d'aucune utilité pratique; mais elle est du genre de ces spéculations théoriques et subtiles, qui exercent l'esprit en l'amusant; et je ne puis me dispenser

An de J. C.
1410.

d'en parler ici : je donnerai même tout de suite
une idée générale des travaux des géomètres
modernes sur cette matière, afin de ne pas
revenir plusieurs fois à un objet de pure
curiosité.

Qu'on trace dans un plan vertical un quarré
géométrique, dont chaque côté soit représenté
par un nombre proposé, tel, par exemple,
que le nombre 5 ; qu'on divise chaque côté,
horizontal ou vertical, en cinq parties égales,
et qu'on joigne les points de division par des
lignes verticales et horizontales : le quarré
vertical sera partagé en 25 cellules égales ; et
si, à compter d'une cellule angulaire, on y
écrit, en parcourant successivement toutes les
bandes horizontales, ou toutes les bandes verticales, la suite des nombres 1, 2, 3, 4, 5,
6, etc. ; la dernière cellule contiendra le
nombre 25 qui est le quarré de 5. Cette disposition des chiffres, suivant l'ordre naturel,
forme en conséquence un quarré *naturel* ; les
nombres de chaque bande composent une progression arithmétique, et les sommes de toutes
ces progressions sont différentes. Mais si on
intervertit l'ordre des nombres, et qu'on les
arrange de telle manière que toutes les bandes,
et même les deux bandes diagonales, donnent
une même somme, cette disposition fait prendre

au quarré le nom de quarré *magique*. Cette dénomination a pu venir de la propriété singulière de ces quarrés, dans un temps où les Mathématiques étaient regardées comme une espèce de *magie ;* mais elle vient peut-être aussi de ces applications superstitieuses qu'on faisait de ces quarrés à la construction des talismans, dans les temps d'ignorance. Par exemple, Corneille Agrippa, qui vivait au quinzième siècle, a donné dans son livre de *la Philosophie occulte* les quarrés magiques des nombres depuis 3 jusqu'à 9 : or, ces quarrés sont planétaires, selon Agrippa et les sectateurs de la même doctrine ; le quarré de 3 appartient à Saturne ; celui de 4 à Jupiter ; celui de 5 à Mars ; celui de 6 au soleil ; celui de 7 à Vénus ; celui de 8 à Mercure ; et enfin celui de 9 à la lune.

Hist. de l'ac.
1733, pag. 71.

Les méthodes de Moscopule pour la formation des quarrés magiques, ne s'étendent qu'à certains cas particuliers : elles avaient besoin d'être généralisées. Bachet de Méziriac, très-savant analiste du commencement du 17.me siècle, trouva une méthode pour tous les quarrés dont la racine est impaire, tels que sont les quarrés 25, 49, 81, etc. qui ont pour racines les nombres 5, 7, 9, etc. Dans ces sortes de cas, il y a une cellule centrale qui facilite la

Méziriac,
né en 1577,
m. en 1638

solution du problème. Bachet ne put le résoudre complètement pour les nombres dont la racine est paire.

Frenicle de Bessi, l'un des plus anciens membres de l'académie des sciences, profond arithméticien, augmenta considérablement les nombres de cas et de combinaisons qui donnent des quarrés magiques, tant pour les nombres impairs que pour les nombres pairs. Par exemple, un habile algébriste avait cru que les seize nombres qui remplissent les cellules du quarré naturel de 4, ne pouvaient donner que 16 quarrés magiques : Frenicle fit voir qu'ils en pouvaient donner 880. A cette recherche, il ajouta une nouvelle difficulté : ayant formé, par exemple, l'un des quarrés magiques du nombre 7, si des 49 cellules qui le composent, on retranche les deux bandes horizontales extrêmes et les deux bandes verticales extrêmes, c'est-à-dire, l'enceinte extérieure du quarré proposé, il restera un quarré qui ne sera pas magique en général, mais qui pourra l'être, en choisissant convenablement le quarré magique primitif. Frenicle enseigne à faire ce choix. Par sa méthode, en ôtant une enceinte d'un quarré magique, et même telle enceinte qu'on voudrait, lorsqu'il y en a assez pour cela, ou enfin plusieurs enceintes à la fois, le quarré restant est

Anc. mém.. de l'ac. tom. V.

encore magique. Il renverse aussi cette condition : il fait en sorte qu'une certaine enceinte,
prise à volonté, ou plusieurs soient insépa-
rables du quarré, c'est-à-dire, qu'il cesse
d'être magique, si on les ôte, et non, si on en
ôte d'autres.

Poignard, chanoine de Bruxelles, publia,
en 1705, un livre sur les quarrés magiques,
dans lequel il fait deux innovations qui embel-
lissent et étendent ce problème. 1°. Au lieu de
prendre tous les nombres qui remplissent un
quarré, par exemple, les 36 nombres consécutifs qui rempliraient toutes les cellules du
quarré naturel dont le côté serait 6, il ne prend
qu'autant de nombres consécutifs qu'il y a
d'unités dans le côté du quarré, c'est-à-dire
ici 6 nombres; et ces 6 nombres seuls, il les
dispose de manière, dans les 36 cellules,
qu'aucun ne soit répété deux fois dans une
même bande, soit horizontale, soit verticale,
soit diagonale; d'où il suit nécessairement que
toutes les bandes prises en quelque sens que ce
soit, font toujours la même somme. 2°. Au lieu
de ne prendre ces nombres que selon la suite
des nombres naturels, c'est-à-dire, en progression arithmétique, il les prend aussi, et en
progression géométrique, et en progression
harmonique; mais avec ces deux dernières

progressions, l'artifice magique change nécessairement : dans les quarrés remplis par des
nombres en progression géométrique, il faut
que les produits de toutes les bandes soient
égaux ; et dans la progression harmonique,
les nombres de toutes les bandes suivent toujours cette progression. Poignard fait également des quarrés de ces trois progressions
répétées.

La Hire, géomètre de l'académie des
sciences, rempli de toutes ces recherches,
où l'on n'avait employé souvent que de simples tâtonnemens, en développe et démontre
les principes, dans deux mémoires très - curieux. Il y ajoute plusieurs nouveaux problèmes qui élèvent toujours de plus en plus
la question à une généralité intéressante pour
ceux qui aiment les combinaisons des nombres.

Mém. de l'ac.
1705.

Les démonstrations de tous ces savans hommes ayant paru trop compliquées, trop peu
liées entr'elles à Sauveur, autre géomètre de
l'académie des sciences, il entreprit de soumettre cette théorie au calcul analitique, et à
des méthodes uniformes, d'où il pût tirer ensuite comme corollaires des moyens simples
et faciles pour construire des quarrés magiques dans tous les cas. Pajot Osembrai envisagea la question sous le même point de vue:

Mém. de l'ac.
1710.

Mém. de l'ac.
1750.

Sav. étr.
tom. IV.

on lui doit une nouvelle méthode analitique pour les quarrés magiques purement pairs, car les autres avaient été suffisamment examinés. Enfin Rallier des Ourmes a perfectionné encore et étendu toutes ces méthodes dans un excellent mémoire présenté à l'académie des sciences. On a tout lieu de penser que la matière est épuisée.

Cette découverte des quarrés magiques par Moscopule fut, pour ainsi dire, le dernier soupir des Mathématiciens grecs. La prise de Constantinople par Mahomet II les fit disparaître de ces climats.

CHAPITRE IX.

Sciences chez les chrétiens occidentaux,
jusqu'à la fin du quinzième siècle.

Les chrétiens en général ont montré, pendant très-long-temps, un grand éloignement pour les sciences. Asservis, dès l'origine du christianisme, à une multitude d'opinions superstitieuses, qui faisaient de l'homme une espèce d'automate contemplatif; ils regardaient avec mépris ou indifférence toutes les occupations étrangères aux objets du culte religieux, ou aux travaux absolument nécessaires pour leur subsistance. Cependant ayant commencé à chasser les Arabes de quelques parties de l'Espagne, au commencement du dixième siècle, les communications volontaires ou forcées qu'ils eurent avec ces peuples, excitèrent le feu électrique du génie parmi les chrétiens; et plusieurs d'entr'eux s'empressèrent de s'instruire auprès de ces mêmes Maures dont ils abhorraient la religion. Nous avons déjà dit que le pape Silvestre II avait puisé la connaissance de l'Arithmétique dans

Savans en Espagne.

le commerce avec les Arabes d'Espagne.

ALPHONSE commence à régner en 1252, meurt en 1284.

Alphonse X, roi de Castille, fonda dans sa capitale une espèce de collége ou de lycée pour l'avancement de l'Astronomie ; et il en confia la principale direction à des Arabes. Il observait et calculait lui-même avec eux. Ce travail commun produisit les fameuses *tables alphonsines*, plus exactes et plus complètes que toutes les précédentes. L'étude de l'Astronomie se maintint pendant long-temps dans la Castille après la mort d'Alphonse. Mais les intérêts de l'ambition à qui rien ne résiste, entretenaient toujours des semences de haine et de division entre les chrétiens et les Arabes. Les premiers ne perdant jamais de vue le projet de reprendre toute l'Espagne, gagnaient du terrain de jour en jour : à mesure que leurs victoires se multipliaient, les sciences allaient en déclinant ; enfin elles reçurent, pour ainsi dire, le coup mortel, lorsque les Maures furent entièrement chassés de l'Espagne, par la perte de Grenade : événement déplorable dans

An de J. C. 1492.

les annales de l'esprit humain, avantageux à la seule religion chrétienne dont il étendit l'empire sur les ruines du mahométisme.

Nous trouvons dans les autres pays chrétiens de l'Europe plusieurs hommes remar-

quables, ou par l'étendue de leurs connaissances, eu égard au temps où ils ont vécu,
ou par les preuves de génie qu'ils ont données,
et dont la société aurait pu retirer les plus
grands avantages, si la puissance ecclésiastique toujours intolérante, toujours armée de
la foudre, n'eût trop souvent arrêté ou com-
primé leur essor.

Les Italiens se présentent ici les premiers;
et l'Algèbre attira d'abord leur attention par
une circonstance particulière. Un riche négo-
ciant de Pise, appelé *Léonard*, faisait de
fréquens voyages dans l'Orient pour les affaires de son commerce : les relations qu'il
eut avec les Arabes lui donnèrent occasion
de pénétrer jusqu'à l'Algèbre, qu'on regardait alors comme la partie sublime de l'Arithmétique ; il répandit ses connaissances parmi
ses compatriotes vers le commencement du
treizième siècle. On avait cru jusqu'à ces
derniers temps, d'après Vossius et quelques
auteurs italiens modernes, que Léonard de
Pise florissait seulement vers la fin du quatorzième siècle ; mais M. Cossali, chanoine
de Parme, a découvert et cite de cet algébriste un manuscrit de l'année 1202, augmenté et reproduit en l'année 1228. Léonard
de Pise était très-savant dans l'Algèbre,

Savans dans les autres parties de l'Europe.

Origine, transporto in Italia e primi progressi in esse del algebra, &c. 1797.

surtout dans l'analise du genre des problèmes de Diophante. L'extrait que M. Cossali donne de son manuscrit, fait voir que l'auteur avait poussé l'Algèbre jusqu'à la résolution des équations cubiques, et des équations supérieures qui peuvent s'abaisser au second, ou au troisième degré.

Cette impulsion donnée à l'Algèbre se propagea en Europe, et s'étendit à toutes les parties des Mathématiques. Le treizième siècle produisit un grand nombre de savans dans tous les genres, en Italie, en France, en Allemagne, en Angleterre. Je citerai les principaux de ceux qui ont rendu des services aux Mathématiques.

An de J. C.
1170.

Jordanus Nemorarius se distingua pour son temps dans l'Arithmétique et la Géométrie, comme on en peut juger par son traité du *Planisphère*, et ses dix livres d'*Arithmétique*.

Il eut un contemporain plus connu, Jean de Halifax, appelé vulgairement *Sacrobosco*, ce qui signifie la même chose, suivant le latin barbare de ce temps-là. Sacrobosco, né en Angleterre, vint professer les Mathématiques à Paris. Nous avons de lui un traité sur la sphère, qui a été commenté par Clavius, jésuite, et imprimé un grand nombre de fois; il a laissé encore des traités sur l'Astrolabe,

sur le calendrier et sur l'Arithmétique arabe.
Il mourut à Paris en 1256 ; on y voyait encore
son tombeau dans le cloître des Mathurins,
avant la révolution française.

Campanus de Novare traduisit et commenta
les élémens d'Euclide, écrivit un traité de la
Sphère, un autre sur les *Théoriques des planètes*, dont l'objet était de faire connaître
l'Astronomie ancienne, et les corrections que
les Arabes y avaient faites ; etc.

Vitellion, né en Pologne, établi en Italie,
a laissé un traité d'Optique en dix livres : cet
ouvrage n'est dans le fond que celui d'Albazen,
mais plus clair et plus méthodique.

Nous avons encore du même temps sur
l'*Optique* un ouvrage de Thomas *Pecham*,
qui de simple moine observantin, devint archevêque de Canterbéry. Cet ouvrage a été
imprimé plusieurs fois, et a été pendant long-
temps un livre classique.

Les sciences trouvèrent un protecteur zélé
dans le grand empereur Frédéric II, au milieu
des guerres continuelles qu'il eut à soutenir
contre les papes. Il fonda l'université de Naples,
composa quelques ouvrages, fit traduire en
latin ceux d'Aristote, et l'Almageste de Ptolomée : il employa à ces traductions *Gérard
de Sabionetta*, vulgairement appelé *Gérard*

Ao de J. C.
1250.

An de J. C.
1160.

FRÉDÉRIC
commence à
régner en 1219,
meurt en 1250.

de Crémone, de qui nous avons encore la traduction du commentaire de Géber sur l'Almageste, et du traité des crépuscules d'Alhazen; on lui attribue aussi un traité des *Théoriques des planètes.*

An de J. C.
1260.

Je ne dirais rien d'*Albert*, surnommé le *Grand* par des contemporains qui ne l'étaient pas, s'il n'avait pas écrit des livres utiles en son temps, aujourd'hui perdus, sur l'Arithmétique, la Géométrie, l'Astronomie et la Mécanique: il se distingua principalement dans la partie organique des Machines. On rapporte qu'il avait fabriqué un automate de figure humaine, qui allait ouvrir sa porte quand on y frappait, et qui poussait quelques sons, comme pour parler à celui qui entrait.

R. BACON,
né en 1214,
mort en 1294.

Le cordelier anglais *Roger Bacon* mérite plus de fixer les regards de la postérité. Il eut dans son temps une très-grande réputation qu'il conserve encore auprès des savans. On a imprimé successivement ses nombreux ouvrages, dans lesquels on trouve beaucoup de génie et d'invention. Son traité d'Optique est surtout remarquable par des vues ingénieuses et vraies, alors nouvelles, sur la réfraction astronomique, sur les grandeurs apparentes des objets, sur la grosseur extraordinaire du soleil et de la lune à l'horizon, sur le lieu des foyers sphériques, etc. Quelques Anglais, un peu trop prévenus en faveur de leur compatriote, ont cru voir dans ce traité, que l'auteur avait eu connaissance des *besicles* ou lunettes à mettre sur le nez, et même du télescope ; mais M. Smith, Anglais plus impartial et juge irréfragable, détruit cette opinion par la discussion exacte et approfondie des passages qui y ont donné lieu. On a voulu aussi attribuer à Bacon la découverte de la poudre à canon : en effet il y touchait, car il était grand chimiste pour son temps, et il connaissait les effets du salpêtre, mais elle n'a été développée et réellement bien connue que quelques années après lui. Il fut persécuté par ses confrères, accusé de magie, enfermé dans un cachot dont il ne put sortir qu'après avoir bien prouvé à ses supérieurs et au pape Nicolas IV, qu'il n'avait jamais eu de commerce avec le diable.

L'invention des besicles est des dernières années du treizième siècle, et on la doit aux Italiens. Il existe des preuves certaines que les premières lunettes de ce genre ont été construites par un frère jacobin, nommé *Alexandre de Spina*, mort à Pise en 1313.

_____

l. 16

CHAPITRE X.

Suite : Sciences chez les chrétiens occiden-
taux dans le quatorzième et quinzième
siècles.

Le quatorzième siècle, fécond en théolo-
giens, en alchimistes et même en littérateurs
estimables, fut un temps ingrat pour les Mathématiques, chez toutes les nations occidentales de l'Europe. On y voit paraître cependant quelques géomètres, quelques astronomes
observateurs ou théoriciens, qui, à la vérité,
n'avancèrent pas les sciences, mais qui du
moins les maintinrent en honneur, en atten-
dant qu'elles pussent recevoir des secours plus
efficaces.

En Italie, Pierre d'*Albano*, médecin célèbre, écrivit un traité sur l'Astrolabe ; *Cecchi*
Ascoli, professeur de Mathématiques à Bologne, composa un commentaire sur la sphère
de Sacrobosco, imprimé plusieurs fois. On
les fit passer l'un et l'autre pour sorciers et
hérétiques: Albano fut brûlé en effigie; Ascoli
le fut réellement, à Bologne, en l'an 1328, à
l'âge de soixante-dix ans.

En Angleterre, il y eut beaucoup de géomètres et d'astronomes ; mais il ne reste de leurs ouvrages ou de leurs observations, que quelques fragmens, la plupart en manuscrits épars dans diverses bibliothèques.

En Allemagne, Jean de Saxe, religieux Augustin, écrivit sur les *tables* du roi Alphonse et sur les éclipses ; Henri de Hesse, professeur de la nouvelle université de Vienne, traita de la théorie des planètes : mais ces ouvrages n'ont pas été imprimés.

La France cite aussi quelques mathématiciens, tels que Jean de *Muris*, auteur du système de notre musique moderne, et de plus versé dans l'Astronomie, puisqu'il reste de lui un traité manuscrit sur cette science ; *Jean de Lignières*, astronome, natif d'Amiens, professeur de Mathématiques à Paris, dont il existe quelques observations recueillies par Gassendi ; Nicolas *Oresme*, qui traduisit le livre d'Aristote *de Mundo*, et composa un traité des *proportions*, resté en manuscrit. On a une autre obligation au dernier de ces mathématiciens : il avait été précepteur du roi de France Charles V, surnommé le *Sage*, et il eut la principale part à la fondation qui se fit sous ce prince de la bibliothèque des rois de France.

16.

Malgré l'état de stagnation où se trouvait alors la théorie des Mathématiques, la Mécanique pratique enfanta quelques machines très-ingénieuses dont nous devons faire mention. On faisait du papier depuis long-temps ; mais dans le quatorzième siècle, un sénateur de Nuremberg, appelé *Ulman Strame*, imagina une mécanique particulière pour broyer le chiffon, et il passe pour l'inventeur du moulin à papeterie. Les horloges à roues, soit fixes, soit portatives, sont du même temps. Richard *Vallingfort*, bénédictin anglais, fit pour le couvent de Saint-Alban, dont il était abbé, une horloge de ce genre, laquelle marquait les heures, le cours du soleil et de la lune, les heures des marées, etc.; et il écrivit à ce sujet un ouvrage qui existe en manuscrit dans la bibliothèque de Bodley. A cet exemple, Jacques de *Dondis*, citoyen de Padoue, très-savant pour son temps dans la Médecine, l'Astronomie et la Mécanique, construisit pour sa patrie une horloge qui fut alors regardée comme une merveille : elle marquait outre les heures, le cours du soleil, de la lune et des autres planètes, les jours, les mois et les fêtes de l'année. Toutes ces machines appartiennent-elles entièrement au siècle dont il s'agit, ou ne furent-elles que des imitations plus ou moins parfaites de l'horloge que le calif Haroun-Raschild envoya à Charlemagne ? C'est sur quoi on ne peut porter aucun jugement, faute de documens nécessaires.

Nous avançons vers des temps plus heureux. Le quinzième siècle a produit un grand nombre de savans mathématiciens, et surtout de très-savans astronomes. Commençons par la Géométrie et l'Algèbre.

Parmi ceux qui cultivaient alors ces deux sciences, il faut principalement distinguer *Lucas Paccioli*, appelé ordinairement *Lucas de Borgo*, parce qu'il était né à *Borgo - San-Sapocha*, en Toscane. C'était un moine franciscain; il florissait vers la fin du quinzième siècle. Après avoir long-temps voyagé dans l'Orient, soit pour s'y instruire, soit pour remplir des commissions particulières de ses supérieurs, il enseigna les Mathématiques à Naples et à Venise, ensuite à Milan où il occupa le premier une chaire de Mathématiques, fondée par *Louis Sforce* dit *Le More*. Il composa plusieurs ouvrages pour ses élèves; il traduisit Euclide en latin, ou plutôt il revit la traduction de Campanus, qu'il accompagna de savantes notes. En 1494, il publia en italien un traité d'Algèbre, intitulé: *Summa de Arith-*

*metica, Geometria, proportioni et propor-
tionalita*, etc. dans lequel on trouve les
règles ordinaires de l'Arithmétique, quelques
inventions dues aux Arabes, telles que les
règles de fausses positions, la résolution des
équations des deux premiers degrés, et enfin
des élémens de Géométrie. On doit encore à
Lucas de Borgo deux autres ouvrages : l'un *de
Divina proportione*, qui embrasse une foule
d'objets, de Perspective, de Musique, d'Architecture, etc.; l'autre est un traité des corps
réguliers, sous un long titre latin qu'il est
inutile de copier.

L'Astronomie fit de grands progrès dans ce
siècle. Ses premiers bienfaiteurs furent Jean
Gmunden, qui la professait en l'université de
Vienne, vers l'an 1416, et le fameux Pierre
Dailli, qui proposa au concile de Constance,
en 1414, quelques moyens de réformer le calendrier devenu très-fautif, et de concilier
les mouvemens du soleil et de la lune.

NICOLAS DE
CUSA,
né en 1391,
m. en 1434. Le cardinal de *Cusa* est célèbre parmi les
savans, pour avoir entrepris de faire revivre
le système des pythagoriciens sur le mouvement de la terre. Cette idée vraie n'avait pas
encore la maturité que les observations devaient lui donner, et on doit trouver un peu
extraordinaire qu'un cardinal soutienne dans

ce temps - là, sans que personne en soit scan-
dalisé, une opinion pour laquelle, deux cents
ans plus tard, Galilée, appuyé de preuves solides, fut enfermé dans les cachots de l'inquisition.

Purbach et son disciple *Régiomontanus*,
sont regardés comme les restaurateurs, ou
les deux plus grands promoteurs de l'Astronomie dans le quinzième siècle. Le premier,
après avoir long-temps voyagé pour puiser
dans le commerce des savans une ample connaissance de l'Astronomie dont il avait appris
les principes sous Jean Gmunden, vint se fixer
à Vienne où les bienfaits de l'empereur Frédéric III l'attirèrent, et où il succéda à la place
que Jean Gmunden avait occupée dans l'université. Dès lors il entreprit un ouvrage utile
et nécessaire : c'était une bonne traduction de
l'Almageste de Ptolomée, car toutes celles
qu'on en avait donné en latin, fourmillaient
de fautes, par l'ignorance des traducteurs dans
l'Astronomie. Il ne savait ni le grec, ni l'arabe;
mais la parfaite intelligence du sujet lui servit
à rectifier ces mauvaises traductions, et à se
procurer, du moins quant au sens, le véritable
ouvrage de Ptolomée. Bientôt après il écrivit
en faveur de ses élèves différens traités concernant l'Arithmétique, la Géométrie, les

PURBACH,
né en 1421,
m. en 1461.

hauteurs solstitiales du soleil, la description et l'usage des horloges portatives, le calcul du degré de chaque parallèle relativement au degré de l'équateur, etc. Comme il joignait aux connaissances théoriques l'adresse de la main, il construisit lui-même des instrumens utiles à la Gnomonique, et des globes célestes sur lesquels était marqué le mouvement des étoiles en longitude depuis Ptolomée jusqu'à l'année 1450. Il détermina, par ses propres observations, l'obliquité de l'écliptique; il fit diverses corrections à la théorie du mouvement des planètes que les anciennes tables représentaient d'une manière défectueuse; enfin il introduisit quelques abréviations dans le calcul trigonométrique.

RÉGIOMON-
TANUS,
né en 1436,
m. en 1476.

Sa plus grande gloire, est d'avoir formé *Régiomontanus.* Ils observèrent ensemble à Vienne pendant dix ans. Après la mort de Purbach, le génie et le goût avide que Régiomontanus avait pour toutes les sciences, lui firent entreprendre le voyage de Rome, pour y apprendre facilement le grec, et se mettre en état de lire non-seulement Ptolomée dans sa langue, mais encore les autres mathématiciens grecs. Ses progrès furent si rapides, qu'en très-peu de temps il traduisit du grec en latin les *Coniques* d'Apollonius, les *Cylindriques* de Sérénus, les *Questions mécaniques* d'Aristote, les *Pneumatiques* de Héron, tous les ouvrages de Ptolomée, etc. Il corrigea sur le texte grec l'ancienne version d'Archimède, faite par Jacques de Crémone. Il ne se borna pas à traduire, il fut lui-même auteur original de plusieurs excellens ouvrages. Son traité de *Trigonométrie* est remarquable par plusieurs nouveautés, et en particulier par une belle méthode, d'ailleurs la première qu'on ait donnée, pour résoudre en général un triangle sphérique quelconque, lorsque l'on connaît les trois angles, ou les trois côtés. La réputation de Régiomontanus détermina le sénat de Nuremberg à l'appeler dans cette ville. Il y forma un observatoire ; il le garnit d'excellens instrumens perfectionnés ou inventés par lui-même, et avec lesquels il fit des observations qui le mirent en état de rectifier et d'étendre les anciennes théories. Plusieurs astronomes avaient attribué, d'après quelques observations mal interprétées dont il donne le détail, un mouvement irrégulier aux étoiles, tantôt dirigé vers l'Orient, tantôt dans le sens contraire : Régiomontanus réfute victorieusement cette opinion. En 1472, il eut occasion d'observer une comète dont le mouvement, d'abord très-lent, s'accéléra bientôt avec une telle vitesse, qu'elle parcourait vers son périgée plus de trente degrés en vingt-quatre heures; elle traînait à sa suite une queue de plus de trente degrés de longueur.

Le pape Sixte IV voulant faire travailler à la réforme du calendrier, invita Régiomontanus à se rendre à Rome pour diriger et exécuter cette importante opération; il lui fit des promesses magnifiques; il le nomma même à l'évêché de Ratisbonne. Régiomontanus partit; mais après quelques mois de séjour à Rome, il y mourut à l'âge de quarante ans. On répandit le bruit que les enfans de *Georges de Trebisonde*, l'un des traducteurs de Ptolomée et de Théon, l'avaient fait empoisonner, parce qu'il avait relevé publiquement plusieurs fautes de leur père.

En quittant Nuremberg, Régiomontanus y laissa un élève bien capable de suivre ses vues, et d'y en ajouter de nouvelles : c'était Waltherus, riche citoyen, qui fit construire tous les instrumens que Régiomontanus avait imaginés, et qui, depuis la mort de son maître, continua d'observer le ciel pendant trente ans.

WALTHERUS, né en 1430, m. en 1504.

Toutes ces observations, qui présentent une foule de phénomènes variés, forment un trésor précieux pour les astronomes. Malheureusement les instrumens d'Astronomie n'avaient pas alors toute la perfection qu'ils ont acquis dans la suite : de plus on n'avait pas encore le secours des lunettes. Waltherus était jaloux de ses connaissances astronomiques, comme un amant de sa maîtresse ; il ne les communiquait point ; on l'a même accusé de s'être réservé exclusivement l'usage des manuscrits de Régiomontanus, dont il était dépositaire.

On trouve encore dans le quinzième siècle plusieurs savans mathématiciens. En France, Jacques *Lefevre* cultiva les Mathématiques avec succès, et leur fut utile par des traductions et autres ouvrages : en Italie, Jean *Bianchini*, Bolonais, construisit des tables astronomiques estimées dans leur temps ; Jacob *Angelo*, Florentin, traduisit la Géographie de Ptolomée ; Dominique - Maria *Novera*, Bolonais, initia Copernic à l'Astronomie ; en Allemagne, Jean *Engel*, Bavarois, mit au jour des éphémérides des mouvemens célestes, et proposa un projet de réforme pour le calendrier ; en Espagne, *Ferdinand de Cordoue* commenta l'Almageste de Ptolomée ; Bernard de *Granolachi* publia en espagnol des éphémérides commençant à l'année 1488, et calculées jusqu'à l'année 1550, etc. Tous ces travaux contribuèrent à entretenir le feu sacré des sciences.

Navigation dans le 15e siècle.

La Navigation est trop essentiellement liée à l'Astronomie, pour qu'indépendamment de son utilité particulière, nous puissions passer sous silence les immenses progrès qu'elle fit dans le quinzième siècle, surtout vers sa fin. Elle les dut principalement à l'usage de la Boussole, dont il faut par conséquent faire connaître d'abord l'origine, et les moyens qu'elle fournit de diriger un vaisseau à la mer.

Invention de la Boussole.

On connaissait chez les Grecs, dès le temps de Thalès, la propriété qu'a l'aimant d'attirer le fer; les Chinois la connaissaient aussi plus de cinq cents ans avant l'ère chrétienne. Mais on ne savait pas, du moins en Europe, avant le commencement du douzième siècle, qu'une pierre d'aimant suspendue librement, ou flottant sur l'eau au moyen d'un liége, se dirige toujours dans un même sens vers les deux pôles : on savait encore moins que l'aimant communique la même propriété à une verge ou aiguille de fer. Il paraît, par les ouvrages de Guy de Provins, l'un de nos poëtes du douzième siècle, que les mariniers français sont les premiers qui aient employé la Boussole pour diriger la route des vaisseaux, d'où on lui donna le nom de *marinette*. L'usage de suspendre l'aiguille aimantée sur un pivot, est très-ancien parmi nous. Cependant les Italiens, les Allemands et les Anglais nous disputent l'invention de la Boussole. Ces prétentions réciproques peuvent être soutenues, soit parce qu'il est possible qu'on trouve en même temps la même chose en différens endroits, soit parce que la Boussole ayant été perfectionnée successivement, les nations qui y ont contribué chacune pour son utilité particulière, ont cru pouvoir s'attribuer la totalité de l'invention. Quant aux Chinois, s'il est vrai, comme quelques historiens le prétendent, qu'ils aient fait servir, long-temps avant les Européens, la Boussole à la navigation, ils ont toujours été du moins bornés à une pratique grossière; car leur méthode constante de faire flotter l'aimant sur l'eau n'est pas comparable à la suspension sur un pivot.

Les anciens, qui n'avaient d'autre guide en mer que l'observation des étoiles, osaient rarement s'éloigner des côtes à une distance un peu considérable. Munis de la Boussole, les navigateurs modernes abandonnèrent par degrés cette méthode lente et timide de côtoyer le rivage; et conduits par leur nouveau guide, aussi sûr que commode, ils s'élancèrent en pleine mer; ils naviguèrent la nuit comme le jour, et dans les temps les plus nébuleux, avec une pleine confiance justifiée par le

succès. C'est ainsi que la Boussole mit véritablement les hommes en possession de l'empire
de la mer, et qu'elle ouvrit des communications entre tous les peuples qui habitent les
différentes parties du globe terrestre.

Vers le milieu du quatorzième siècle, les
Espagnols avaient commencé à naviguer sur
l'océan Atlantique, et ils avaient découvert les
îles Canaries, ou *Fortunées*, dont les anciens
avaient eu connaissance, mais abandonnées et
oubliées depuis long-temps. La navigation
prit un essor plus grand et plus hardi dans le
quinzième siècle, et elle dut ces premiers succès, d'un genre nouveau, au génie et au courage des Portugais.

Les sciences cultivées par les Arabes s'étaient
introduites dans le Portugal comme dans l'Espagne, par les Maures et par les Juifs qui
étaient en grand nombre dans ces pays. Sous le
roi Jean 1er, l'un des plus grands princes qui
aient gouverné le Portugal, une petite flotte
An de J. C.
1411.
alla attaquer les Maures établis sur les côtes
de Barbarie, pendant que d'autres vaisseaux
étaient chargés de naviguer le long de la côte occidentale de l'Afrique, et de découvrir les pays
qui y étaient situés. Ces premières tentatives
eurent un heureux succès, et furent le pré-
lude des grandes découvertes qui se préparaient.

Henri, duc de Visco, quatrième fils du roi Jean, avait accompagné son père dans l'expédition de Barbarie, et s'y était distingué par différentes actions de bravoure. Instruit dans toutes les sciences de son temps, et principalement dans la Géographie, par les leçons des plus excellens maîtres, et par les relations des voyageurs, il avait acquis une profonde connaissance de la configuration du globe terrestre : il conçut la possibilité et le projet de pousser plus loin ces premières conquêtes. Il rassembla un grand nombre d'officiers de mer, déjà très-expérimentés ; il leur communiqua ses plans qu'ils adoptèrent avec enthousiasme. On équipa des flottes, et en avançant vers le sud, non-seulement on découvrit de vastes et riches contrées le long de la côte occidentale de l'Afrique, mais en s'éloignant de cette côte vers l'ouest, on trouva plusieurs îles, telles que Madère, les îles du Cap-Verd, les Açores, etc. A la mort du prince Henri, les navigateurs portugais n'étaient plus qu'à cinq degrés de distance de la ligne équinoxiale.

La découverte du prince Henri, qui appartient le plus particulièrement à notre sujet, est celle qu'il fit des cartes marines, connues sous le nom de *cartes plates*, pour représenter la

Le prince HENRI de Portugal.

An de J. C. 1463.

route qu'un vaisseau doit suivre, et pour le
diriger en effet suivant cette route. L'usage
des globes terrestres était très-ancien : celui
des cartes, plus récent, avait la préférence
depuis que Ptolomée et les Arabes avaient
donné des méthodes géométriques pour projeter les cercles de la terre sur une simple surface plane ; mais le prince Henri, qui voulait
marquer par des lignes droites les différens
rumbs de vent d'un vaisseau, ne pouvait y
employer ces cartes, et il fut obligé d'imaginer une autre construction. Il suppose que
les méridiens sont exprimés par des lignes
droites parallèles, et les cercles parallèles à
l'équateur par d'autres lignes droites parallèles,
perpendiculaires aux premières : il trace sur la
carte la rose des vents ; ensuite pour marquer
la route d'un vaisseau qu'il suppose suivre un
même rumb de vent, il mène du lieu du départ au lieu d'arrivée une ligne droite, et il
croit que la ligne des vents parallèle à celle-là
remplit l'objet proposé ; mais ces cartes ne
peuvent réellement servir que pour de petites
étendues du globe. Lorsque les espaces sont
considérables, les degrés des cercles parallèles
à l'équateur ne peuvent pas être représentés
d'un cercle à l'autre par des lignes égales,
comme l'auteur le suppose ; car on sait que

les circonférences de ces cercles diminuent continuellement de l'équateur au pôle. De plus, la route par un même rumb de vent n'est pas dans cette construction même une simple ligne droite, si ce n'est dans les deux hypothèses très - bornées où le vaisseau suivrait toujours le même méridien, ou le même parallèle. On sentit bientôt ces inconvéniens, et on y apporta du remède dans les deux siècles suivans.

Le mouvement que le prince Henri avait imprimé à la navigation fut porté au plus haut degré. On ne respirait dans toute l'Europe que voyages lointains, projets de conquérir de nouveaux pays et de former de nouveaux établissemens, qu'on allait chercher à travers les mers, en s'exposant aux plus affreux dangers. A la mort du prince Henri, le trône de Portugal était occupé par Alphonse, qui, ayant à soutenir des prétentions à la couronne de Castille et une guerre contre les Maures de Barbarie, ne put suivre que faiblement les découvertes le long des côtes d'Afrique : elles furent poussées avec ardeur par son fils, Jean II, tout rempli de l'esprit et des connaissances de son grand oncle le prince Henri. En 1484, les Portugais armèrent une puissante flotte qui, après s'être emparée du royaume du Benin, s'avança fort loin au-delà de l'équateur, et fit voir pour

la première fois aux Européens un nouveau
ciel et de nouvelles étoiles. Deux ans après,
Barthélemi Diaz pénétra jusqu'au cap *de
Bonne-Espérance;* en 1492, Vasco de Gama
doubla ce cap, et alla fonder plusieurs établissemens portugais dans les Indes orientales. Du
côté du couchant, le célèbre *Christophe Co-
lomb*, formé à l'école des navigateurs portugais, entreprit, la même année 1492, de faire
le tour du monde, avec une petite flotte armée aux frais d'Isabelle, reine de Castille,
et de Ferdinand son mari, roi d'Arragon:
s'il ne put accomplir entièrement ce vaste
projet, il s'immortalisa du moins par la découverte de l'Amérique; découverte la plus grande
et la plus importante qui ait jamais honoré la
navigation. Le détail de ces fameuses expé-
ditions est étranger à cet ouvrage.

FIN DE LA SECONDE PÉRIODE.

TROISIÈME PÉRIODE.

PROGRÈS

DES MATHÉMATIQUES,

depuis la fin du quinzième siècle jusqu'à
l'invention de l'Analise infinitésimale.

Les progrès que les nations occidentales de
l'Europe ont faits dans les sciences depuis le
commencement du seizième siècle jusqu'à nos
jours, effacent tellement ceux des autres
peuples, que je ne m'occuperai plus que des
premiers dans la suite de cet Essai. Que sont
en effet les observations astronomiques des
Chinois ou des Indiens, en comparaison de
toutes les belles découvertes dont les Européens ont enrichi l'Analise, la Géométrie, la
Mécanique, l'Astronomie, etc.? Il n'en est pas
de l'histoire des sciences, comme de l'histoire
ordinaire des peuples. Dans le récit des affaires
politiques, il faut écrire en détail, et classer

17.

par ordre les guerres, les négociations, les changemens de mœurs, les révolutions de chaque peuple, etc., afin de donner un corps à la Chronologie, et de faire connaître les rangs que les différentes nations occupent sur la surface de la terre : dans les sciences, où les événemens sont les nouvelles vérités, si une découverte vient à se lier à une théorie plus étendue et plus importante, elle perd son existence individuelle, et on peut l'exclure sans inconvénient du tableau général des connaissances humaines.

CHAPITRE PREMIER.

Progrès de l'Analise.

JE comprends ici l'Arithmétique et l'Algèbre sous le nom générique d'Analise, qui leur convient à l'une et à l'autre, puisqu'en effet elles ne forment dans le même fond qu'une même science. L'Arithmétique opère immédiatement sur les nombres, et l'Algèbre opère d'une manière semblable sur les grandeurs en général. Souvent l'Algèbre prête un secours très-utile ou même nécessaire à l'Arithmétique pour se conduire dans le labyrinthe de certaines combinaisons abstraites, parce que les calculs numériques ne laissant point de traces du chemin par où l'on a passé, on a besoin, en plusieurs occasions, de remonter aux principes généraux et d'en pouvoir suivre le fil.

Les ouvrages analitiques de Léonard de Pise étant demeurés manuscrits, et comme absolument inconnus, même en Italie, le traité *Summa de Arithmetica e Geometria* de Lucas de Borgo, dont nous avons déjà parlé, représentait l'état où l'Algèbre était alors, c'est-à-dire, bornée à la résolution complète des équations des deux premiers degrés. Le passage aux degrés supérieurs était difficile. L'Italie eut la gloire de donner à cet égard une nouvelle extension à l'Algèbre, par la résolution générale des équations du troisième et du quatrième degrés.

Cardan rapporte, dans son livre intitulé : *De Arte magna*, publié en 1545, que Scipion Ferrei, professeur des Mathématiques à Bologne, est le premier qui ait donné la formule pour résoudre les équations du troisième degré ; qu'environ trente ans après, un Vénitien, nommé Florido, instruit de cette découverte, par son maître Ferrei, proposa à Nicolas Tarta-

glia, célèbre mathématicien de Brescia, divers problèmes dont la solution dépendait de cette formule ; et que Tartaglia, en méditant sur ces problèmes, parvint à la trouver. Dans un autre endroit, Cardan fait l'aveu que sur ses instantes prières, Tartaglia lui communiqua cette même formule, mais sans y ajouter la démonstration ; et qu'ayant trouvé cette démonstration avec le secours de son disciple Louis Ferrari, jeune homme d'une grande pénétration, il avait cru devoir donner le tout au public. Mais Tartaglia fut très-mécontent du procédé de Cardan ; il prétendit être seul inventeur de la formule; il soutint que Florido ne la connaissait pas lui-même, et que Cardan était coupable tout à la fois d'infidélité et de plagiat, pour avoir publié une formule qu'on lui avait confiée sous le sceau du secret, et à laquelle il n'avait aucun droit.

La résolution des équations du quatrième degré suivit de près celles des équations du troisième. Nous apprenons encore de Cardan que Louis Ferrari fit cette nouvelle découverte. Sa méthode, aujourd'hui connue de tous les analistes sous le nom de méthode italienne, consistait à disposer les termes de l'équation du quatrième degré, de telle manière qu'en ajoutant à chaque membre une même quantité, les deux membres pussent se résoudre par la méthode du second degré. En satisfaisant à cette condition, on est mené à une équation du troisième degré : de sorte que la résolution complète du quatrième degré est liée avec celle du troisième, et que les difficultés de celui-ci affectent également l'autre. Je dis *les difficultés* : il y a effectivement dans le troisième degré un cas qui est devenu la torture de tous les analistes, et que par cette raison on appelle *cas irréductible.* Ce cas embrasse les équations où les trois racines sont réelles, inégales, et incommensurables entre elles. Alors les formules qui les représentent comprennent des parties imaginaires, et on serait d'abord porté à croire que ces expressions sont imaginaires, si un examen attentif de leur nature n'empêchait de précipiter son jugement. Tartaglia et Cardan n'osèrent rien prononcer à ce sujet. Le dernier s'attacha seulement à résoudre quelques équations particulières qui paraissaient s'y rapporter, et où la difficulté s'évanouissait fortuitement.

Raphaël Bombelli, Bolonais, un peu postérieur à Cardan, fit voir le premier, dans son Algèbre imprimée en 1579, que les parties de la formule qui représente chaque racine dans le cas irréductible, forment par leur assemblage un résultat réel dans tous les cas. Cette proposition était alors un vrai paradoxe; mais le paradoxe disparut lorsque Bombelli eut démontré, par des constructions géométriques à peu près de la même nature que celles dont Platon s'était servi pour trouver les deux moyennes moyennes dans le problème de la duplication du cube, que les quantités imaginaires comprises dans les deux parties de la formule, devaient nécessairement se détruire par l'opposition des signes. A l'appui de cette démonstration générale, l'auteur produisit plusieurs exemples particuliers, dans lesquels, en tirant suivant les méthodes ordinaires pour les quantités réelles, les racines cubes des deux binômes qui composent la valeur de l'inconnue, puis ajoutant les deux racines, on obtient des résultats réels. On est parvenu dans la suite à la même conclusion par d'autres moyens plus simples et plus directs; mais ce premier effort de Bombelli fut pour le temps un grand pas dans l'analise des équations.

Il était naturel de penser que les méthodes pour le troisième et le quatrième degrés devaient s'étendre plus loin, ou faire naître du moins de nouvelles vues sur les formes des racines dans les degrés supérieurs au quatrième. Mais si l'on excepte les équations qui, par des transformations de calcul, se réduisent en dernière analise aux quatre premiers degrés, l'art de résoudre les équations en général et en toute rigueur n'a fait aucun progrès depuis les travaux des Italiens que nous venons de citer.

Maurolic, abbé de Sainte-Marie-du-Port en Sicile, profond dans toutes les parties des Mathématiques, s'attacha à une autre branche de calcul analitique, alors presqu'inconnue: c'était la sommation de plusieurs suites de nombres, comme la suite des nombres naturels, celle de leurs quarrés, celle des nombres

MAUROLIC, né en 1494, m. en 1575.

triangulaires, etc. Il donna sur ce sujet des théorèmes remarquables par la subtilité de l'invention et la simplicité des résultats.

On voit que nous rendons justice avec plaisir aux savans étrangers. La même équité demande que l'on attribue à Viète, l'un de nos illustres compatriotes, la gloire d'avoir généralisé l'algorithme de l'Algèbre, et d'y avoir fait plusieurs découvertes importantes. Avant lui, on ne résolvait que des équations du genre de celles qu'on appelle *équations numériques* : on représentait l'inconnue par un caractère particulier, ou par une lettre de l'alphabet ; les autres quantités étaient des nombres absolus. Il est vrai qu'ensuite la méthode appliquée à une équation pouvait être appliquée également à une autre équation semblable. Mais il était à désirer que toutes les grandeurs indistinctement fussent représentées par des caractères généraux, et que toutes les équations particulières d'un même ordre ne fussent que de simples traductions d'une même formule générale. Viète procura cet avantage à l'Algèbre, en y introduisant les lettres de l'alphabet pour représenter toutes sortes de grandeurs connues ou inconnues : notation facile et commode, tant parce que l'usage des lettres nous est très-familier, que parce qu'une lettre

VIÈTE,
né en 1540,
m. en 1603.

peut exprimer indifféremment un poids, une distance, une vitesse, etc. Lui-même fit plusieurs usages très-heureux de ce nouvel algorithme. Il apprit à faire subir diverses transformations aux équations de tous les degrés, sans en connaître les racines; à les priver du second terme; à chasser les co-efficiens fractionnaires; à augmenter ou à diminuer les racines d'une quantité donnée; à multiplier ou à diviser les racines par des nombres quelconques: il donna une méthode ingénieuse et nouvelle pour résoudre les équations du troisième et du quatrième degré. Enfin, au défaut d'une résolution rigoureuse des équations de tous les degrés, il parvint à une résolution approchée: elle est fondée sur ce principe, qu'une équation quelconque n'est qu'une puissance imparfaite de l'inconnue; et l'auteur y emploie à peu près les mêmes procédés que pour trouver par approximation les racines des nombres qui ne sont pas des puissances parfaites. Si nous possédons aujourd'hui des moyens plus simples et plus commodes pour arriver au même but, n'en admirons pas moins ces premiers efforts du génie.

Plusieurs algébristes publièrent, vers le même temps, des traités fort utiles pour propager la science, mais qui ne contiennent

d'ailleurs aucune nouvelle vue un peu remarquable.

Invention des
Logarithmes. Les premières années du dix-septième siècle
furent marquées par la belle découverte des
Logarithmes, qui a rendu et ne cessera jamais
de rendre les plus importans services à toutes
les parties pratiques des sciences, surtout à
l'Astronomie, en apportant aux calculs numériques des abréviations sans lesquelles la patience la plus aguerrie aurait été forcée d'abandonner une foule de recherches utiles. Cette
Neper,
né en 155o,
m. en 1618. invention est du baron de Neper, seigneur
écossais, d'une illustre maison qui subsiste
encore en Angleterre.

Tout le monde sait que des quatre règles
fondamentales de l'Arithmétique, l'addition,
la soustraction, la multiplication et la division,
les deux premières sont d'une pratique facile
et exacte, pour peu qu'on y donne d'attention,
mais que les deux autres, et principalement
la division, exigent des opérations souvent
très-longues, très-fatigantes, et capables
de rebuter le calculateur, ou de l'exposer à
commettre des erreurs dangereuses. Une observation qu'on avait faite depuis long-temps
sur la correspondance de la proportion ou
progression géométrique avec la proportion
ou progression arithmétique, mais à laquelle

on n'avait donné aucune suite, fit naître au baron de Neper la pensée de construire des tables au moyen desquelles on évite la multiplication et la division, et on réduit tous les calculs numériques à de simples additions et soustractions.

Cette observation est que tout ce qui s'opère par voie de multiplication et de division dans la proportion ou progression géométrique, s'opère par voie d'addition et de soustraction dans la proportion ou progression arithmétique : par exemple, dans la proportion géométrique, le quatrième terme est égal au produit des moyens, divisé par le premier terme; et dans la proportion arithmétique, le quatrième terme est égal à la somme des moyens, moins le premier terme : dans la progression géométrique, un terme est égal à un autre multiplié par la raison de la progression, autant de fois plus une, qu'il y a de termes entr'eux; et dans la progression arithmétique, un terme est égal à un autre, plus la différence de la progression, ajoutée autant de fois, plus une, qu'il y a de termes entr'eux. De-là le baron de Neper fit correspondre terme à terme deux progressions, l'une géométrique, l'autre arithmétique; il regarda les termes de la première comme les nombres principaux, et ceux de la

seconde comme leurs logarithmes, ou comme
les mesures de leurs rapports ; il enseigna à
former des tables qui devaient contenir ces
deux sortes de nombres : alors, lorsqu'il s'agissait de faire des multiplications et des divisions, on n'avait qu'à opérer sur les Logarithmes, par addition et soustraction ; les nouveaux Logarithmes qu'on obtenait ainsi, répondaient dans les tables aux nombres qu'il
aurait fallu chercher directement, sans ce
secours, par la multiplication et la division.

Le choix des deux progressions est également arbitraire, quant à la théorie. Neper
prit pour la progression arithmétique des
Logarithmes celle des nombres naturels, 0, 1,
2, 3, 4, 5, 6, etc., faisant répondre le logarithme zéro à l'unité de numération de la progression géométrique ; et il régla celle-ci de
manière que ses termes étant représentés par les
abscisses d'une hyperbole équilatère entre ses
asymptotes, dans laquelle la première abscisse
et la première ordonnée valent chacune 1, les
Logarithmes le sont par la suite des espaces hy-
perboliques. Alors le nombre *fondamental* de
la progression géométrique, c'est-à-dire, le
nombre qui, par ses puissances successives
forme les termes de la progression géométrique,
et par ses exposans ceux de la progression arith-

métique, vaut 2,71828, à peu de chose près. Ce nombre étant une fois trouvé, si on l'élève successivement au quarré, au cube, à la quatrième puissance, à la cinquième, etc., les nombres résultans 7,382 ; 20,086 ; 54,599 ; 148,425, etc., sont les termes suivans de la progression géométrique, auxquels répondent les Logarithmes 2, 3, 4, 5, etc. Mais cela ne suffit pas : il faut de plus déterminer les logarithmes des nombres intermédiaires aux termes de la progression géométrique, afin de pouvoir construire des tables qui, par le voisinage et l'étendue des nombres sur lesquels on doit opérer, s'appliquent à tous les besoins de la pratique du calcul. L'Arithmétique seule fournit pour cela des secours suffisans ; mais on parvient beaucoup plus promptement au but, en s'aidant en même temps de l'Algèbre.

Tel était le système des Logarithmes, que Neper exposa dans son livre intitulé : *Logarithmorum canonis descriptio, seu Arithmetica supputationum mirabilis abreviatio,* publié, pour la première fois, à Edimbourg, en 1614. Ce système a l'inconvénient que les termes de la progression géométrique fondamentale, à l'exception du premier, sont des nombres accompagnés de fractions, tandis que ceux de la progression arithmétique des

Logarithmes correspondans, sont des nombres entiers ; ce qui aurait produit des longueurs incommodes, dans l'usage des tables construites suivant cette hypothèse. L'auteur reconnut lui-même ce défaut : il en conféra avec Henri Briggs, son ami, professeur de Mathématiques au collège de Gresham. Tous deux convinrent de substituer à la progression géométrique fondamentale, proposée, la progression décuple 1, 10, 100, 1000, etc., qui sert de base à la numération, et de conserver d'ailleurs tout le reste. Par ce changement, la construction des tables devint plus facile et d'un usage plus commode. Ajoutons que lorsque les Logarithmes sont une fois calculés pour l'un des deux systèmes, ils se trouvent pour l'autre, en les multipliant par un nombre constant et donné. Cette communication réciproque des deux systèmes a fait qu'on a conservé l'usage du premier dans les formules logarithmiques du calcul intégral, où il s'applique d'une manière très-simple et très-commode.

Neper étant mort avant d'avoir pu calculer des tables, suivant le nouveau système, Henri Briggs se trouva seul chargé de tout ce travail, auquel il se livra avec une ardeur infatigable. En 1618, il publia une table des Logarithmes ordinaires pour les mille premiers

BRIGGS, né en 1556, m. en 1630.

nombres naturels ; en 1624, il en donna une seconde qui contenait les Logarithmes des nombres naturels depuis 1 jusqu'à 20000, et depuis 90000 jusqu'à 100000. Gelibrand, Gunther et Adrien Wlacq, savans distingués, élèves ou amis de Briggs, remplirent les lacunes qu'il avait laissées ; ils publièrent des nouvelles tables, qui contenaient les Logarithmes des sinus, tangentes, etc. pour le quart de cercle. Toutes ces tables ont encore été poussées plus loin dans la suite ; et je ne finirais point, si je voulais faire le receusement de toutes les formes qu'on leur a données, toujours néanmoins dans le système adopté par Briggs. Nous n'avons plus rien à désirer à cet égard ; et toutes les extensions qu'on cherche encore de temps en temps à donner aux tables ne sont que des superfluités illusoires.

Je ne dois pas omettre qu'un géomètre allemand, appelé Just Byrge, fit imprimer, en 1620, une table construite suivant l'ordre inverse de nos tables ordinaires des Logarithmes. Au lieu de regarder les nombres relatifs à la progression géométrique, comme les nombres principaux, auxquels les Logarithmes doivent être subordonnés, il regarde au contraire les Logarithmes comme les

nombres principaux, auxquels il fait correspondre ceux qui dépendent de la progression
géométrique. Mais ce système n'a pas fait et
ne devait pas faire fortune, par l'immensité
des tables qu'il aurait exigées.

Tandis que l'Arithmétique s'enrichissait de
la découverte des Logarithmes, l'Algèbre
faisait des progrès marqués entre les mains
de Hariot, analiste anglais, qui publia, en
1620, un ouvrage intitulé : *Artis analyticæ
praxis.* Cet ouvrage contient tout ce qui avait
été écrit de plus important sur l'Algèbre,
et plusieurs nouveautés qui appartiennent à
l'auteur. D'abord Hariot simplifia les notations de Viète, en substituant les lettres mi-
nuscules à la place des majuscules, et de
nouveaux signes pour abréger le discours :
quelques personnes attacheront peut-être
un mérite bien mince à ces changemens ; ceux
qui savent que la simplicité d'un Algorithme
a souvent produit des découvertes remarquables, porteront un autre jugement. Hariot
est le premier qui ait imaginé de mettre d'un
même côté tous les termes d'une équation, et
qui par-là ait vu distinctement ce que Viète
n'avait fait qu'indiquer d'une manière confuse,
que dans toute équation le coefficient du second terme est la somme des racines prises

Progrès de
l'Algèbre.

HARIOT,
né en 1560,
m. en 1621.

avec des signes contraires; que le coefficient du troisième est la somme des produits des racines prises deux à deux; que le coefficient du quatrième est la somme des produits des racines prises trois à trois avec des signes contraires; ainsi de suite, jusqu'au dernier terme qui est le produit de toutes les racines prises avec des signes contraires. On lui doit d'avoir observé que toutes les équations qui passent le premier degré, peuvent être regardées comme produites par la multiplication d'équations du premier degré : de sorte que substituant à la place de l'inconnue l'une des valeurs données par ces équations composantes, la totalité des termes de l'équation proposée devient égale à zéro. Ces théorèmes ont facilité la résolution complète de quelques équations particulières, et d'autres recherches.

Personne n'a plus contribué que notre illustre Descartes à l'avancement général de la science analitique. La nature lui avait donné le génie et l'audace nécessaires pour remuer toutes les bornes des connaissances humaines. Il apprit aux hommes, dans sa *Méthode*, l'art de chercher la vérité ; il joignit l'exemple au précepte dans ses ouvrages de Mathématiques. La gloire que ces ouvrages lui ont acquise ne périra jamais, parce que les vérités qu'il a

DESCARTES, né en 1596, m. en 1650.

18.

découvertes sont de tous les temps ; mais on ne peut pas dissimuler que la plupart de ses systèmes philosophiques , enfantés par l'imagination, et contredits par la nature, ont déjà disparu, et n'ont produit d'autre avantage que d'abolir la tyrannie du péripatétisme. L'Algèbre lui doit plusieurs découvertes importantes. Il introduisit dans les multiplications réitérées d'une même lettre , la notation des puissances par les exposans, ce qui simplifie le calcul, et ce qui a été le germe de la méthode pour développer les quantités radicales en séries. Les analistes qui l'avaient précédé ne connaissaient point l'usage des racines négatives dans les équations, et ils les rejetaient comme inutiles : il fit voir qu'elles sont tout aussi réelles, tout aussi propres à résoudre une question, que les racines positives, la distinction qu'on doit mettre entre les unes et les autres n'ayant d'autre fondement que la différente manière d'envisager les quantités dont elles sont les symboles. Il enseigna à discerner dans une équation qui ne contient que des racines réelles , le nombre des racines positives, et celui des racines négatives, par la combinaison des signes qui précèdent les termes de l'équation. La méthode des *indéterminées*, entrevue par Viète, fut développée

par Descartes, qui en fit une application claire
et distincte aux équations du quatrième degré:
il feint que l'équation générale de ce degré est
le produit de deux équations du second qu'il
affecte de coefficiens indéterminés ; et , par la
comparaison des termes de ce produit avec
ceux de l'équation proposée, il parvient à
une équation réductible au troisième degré ,
laquelle donne les coefficiens inconnus. Cette
méthode s'applique à une infinité de problèmes dans toutes les parties des Mathématiques.

Je ne ferai pas ici mention de plusieurs savans algébristes qui, peu de temps après la
mort de Descartes, étudièrent et même perfectionnèrent ses méthodes. Il y en a cependant un qui mérite une attention particulière :
c'est le célèbre Hudde, Bourguemestre d'Ams-
terdam, qui publia en 1658, dans le commentaire de Schooten sur la Géométrie de Descartes, une méthode très-ingénieuse pour
reconnaître si une équation d'un degré quelconque contient plusieurs racines égales, et
pour déterminer ces racines.

Pascal se fraya dans l'Analise une route
nouvelle par son fameux *Triangle arithmétique*. C'est une espèce d'arbre généalo-
gique, où par le moyen d'un nombre arbi-

HUDDE ,
mort très-âgé
en 1704.

PASCAL,
né en 1623,
m. en 1662.

traire, écrit à la pointe du triangle, l'auteur forme successivement, et de la manière la plus générale, tous les nombres figurés, détermine les rapports qu'ont entr'eux les nombres de deux cases quelconques, et les différentes sommes qui doivent résulter de l'addition des nombres d'une même rangée, prise dans tel sens que l'on voudra. Il fait ensuite plusieurs applications intéressantes de ces principes. Celle où il détermine les *partis* qu'on doit établir entre deux joueurs qui jouent en plusieurs parties, mérite principalement d'être remarquée, puisqu'elle a donné la naissance au calcul des probabilités, dans la théorie des jeux du hasard. Quelques auteurs ont attribué *les élémens* de ce calcul à Huguens, qui publia en 1657 un excellent traité, intitulé : *De Raciociniis in ludo aleæ;* mais Huguens avertit lui-même avec une modestie digne d'un si grand homme, que cette matière avait déjà été agitée entre les plus grands géomètres de la France, et qu'il ne prétend rien à la gloire de l'invention. En effet, on voit par les lettres de Pascal et de Fermat, imprimées dans les œuvres de ce dernier, que les principes du triangle arithmétique étaient répandus en France, dès l'année 1654, quoique les ouvrages où Pascal

HUGUENS, né en 1625, m. en 1695.

FERMAT, né en 1590, m. en 1663.

les explique en détail, n'aient paru par la voie de l'impression, qu'après la mort de l'auteur.

Dans le temps que Pascal approfondissait à Paris la nature des nombres figurés, Fermat de son côté en découvrait à Toulouse plusieurs belles propriétés, en suivant une autre méthode. Ces deux grands hommes se rencontraient souvent dans les résultats de leurs recherches. Loin qu'une pareille concurrence altérât l'amitié que la conformité d'études avait fait naître entr'eux, sans qu'ils se fussent jamais vus, ils se rendaient mutuellement justice, avec un abandon que la médiocrité ne peut connaître.

La prédilection de Fermat pour les recherches numériques se porta surtout vers la théorie des nombres premiers, qu'on n'avait pas encore examinée, et où il a fait de profondes découvertes. On sait que tout nombre n'est qu'un rapport avec l'unité de numération; mais il est souvent difficile de reconnaître si ce rapport est simple, ou s'il est produit par la multiplication de plusieurs autres. Fermat établit des caractères généraux et distinctifs propres à faire discerner dans une infinité d'occasions les nombres qui ont des diviseurs, d'avec ceux qui n'en ont pas.

L'Analise de Diophante exerça également son génie. Bachet de Méziriac, éditeur et commentateur du géomètre grec, avait déjà résolu plusieurs nouveaux problèmes dépendans de la doctrine de son auteur : Fermat porta plus loin la même matière. Toutes ces recherches ont été étendues et perfectionnées par de grands géomètres modernes.

En 1655, Wallis, mathématicien anglais, que j'ai déjà cité, publia son *Arithmétique des infinis :* ouvrage plein de génie, et dont l'objet comme celui du triangle arithmétique était de sommer différentes suites de nombres. Par cette méthode on quarre les courbes quand les ordonnées sont exprimées par un seul terme ; on peut aussi quarrer les courbes à ordonnées complexes en développant ces ordonnées en séries dont chaque terme est un monome. Nous parlerons ci-dessous de la dispute que l'auteur eut avec Pascal au sujet de la cicloïde. Wallis était un profond analiste : c'est à lui qu'on doit la notation des radicaux par des exposans fractionnaires, et celle des exposans négatifs. Descartes n'avait employé les exposans que pour les puissances entières et positives.

Le chemin de la vérité étant sans cesse hérissé d'écueils où la faiblesse de l'esprit

MÉZIRIAC.
né en 157
m. en 1638.

WALLIS.
né en 1616,
m. en 1703.

humain vient se briser, on ne saurait trop
multiplier les moyens de les éviter, ou d'approcher du but, lorsqu'il n'est pas possible
d'y atteindre en rigueur. Tel est l'avantage
que procure la théorie des fractions conti-
nues, quand une fraction irréductible est
exprimée par de trop grands nombres, pour
qu'on puisse l'appliquer à la pratique sous
sa forme immédiate. Elle substitue à une
expression compliquée une expression simple,
et à peu près équivalente. Cette théorie dont
le lord Brouncker avait donné les élémens, BROUNCKER,
fut dans la suite étendue, perfectionnée, et né en 1610,
m. en 1684.
appliquée à divers usages importans, par
Huguens et par d'autres géomètres célèbres.

Toutes ces branches particulières de l'Analise ne faisaient pas perdre de vue le problème de la résolution générale des équations. Newton, jeune alors, la chercha long- NEWTON,
temps : il ne la trouva point; mais il recula né en 1642,
m. en 1727.
d'ailleurs considérablement les bornes de
l'Algèbre. Il donna une méthode pour décom-
poser, lorsque la chose est possible, une
équation en facteurs commensurables : méthode qui s'étend à tous les degrés, et dont
la pratique est aussi simple qu'on puisse le
désirer; il somma les puissances quelconques
des racines d'une équation; il enseigna l'art

d'extraire, lorsqu'il y a lieu, les racines des quantités en partie commensurables, en partie incommensurables ; il apprit à former des suites infinies, pour trouver d'une manière approchée les racines des équations numériques et littérales de tous les degrés, etc. La plupart de ces recherches ont été éclaircies et commentées dans des ouvrages modernes.

CHAPITRE II.

Progrès de la Géométrie.

Géométrie
pure.

Dès le commencement du seizième siècle, l'ancienne Géométrie fut cultivée en Europe avec un succès rapide. On prit pour guides les géomètres grecs dont la plupart furent traduits en latin ou en italien. L'étude des anciennes langues alors fort en vogue multipliait les objets et les moyens d'instruction.

WERNER,
né en 1468,
m. en 1528.

On cite Werner comme un savant géomètre. En 1522, il publia à Nuremberg quelques traités concernant presque tous la théorie des sections coniques.

Tartaglia et Maurolic, dont nous avons déjà parlé, se rendirent utiles à la Géométrie, non-seulement comme traducteurs de plusieurs anciens ouvrages, mais encore comme auteurs. Le premier a composé un traité italien : *De Numeri e Misure*, dans lequel on trouve pour la première fois dans les écrits modernes, la détermination de l'aire d'un triangle par le moyen de ses trois côtés, et sans le secours de la perpendiculaire abaissée de l'un de ses angles sur le côté opposé. Le second a écrit sur plusieurs sujets : son traité des sections coniques est remarquable par la clarté et l'élégance qui y règnent. La Hire n'a fait dans la suite qu'amplifier et appliquer à de nouveaux usages la méthode du géomètre sicilien.

Nous ne devons pas oublier Nonius, né en Portugal, auteur de plusieurs ouvrages très-estimables, et à qui l'on doit en particulier la subdivision des petites parties d'un instrument par des lignes transversales, que l'on appelle *la Division de Nonius.*

Commandin était un homme très-savant dans les Mathématiques et dans les langues anciennes. Il a traduit en latin Euclide, une grande partie des ouvrages d'Archimède, les traités *du Planisphère* et de *l'Analemme* de Ptolomée, le livre d'Aristarque de Samos *sur les grandeurs et les distances du soleil et de la lune*, les *Pneumatiques* de Héron, la *Géodésie* du géomètre arabe Méhémet de Bagdad, les *collections mathématiques* de Pappus; etc. Partout Commandin montre la plus grande intelligence des matières; il éclaircit les endroits difficiles de ses auteurs par des notes précises, claires et instructives : mérite rare qui place Commandin fort au-dessus du commun des traducteurs et des commentateurs.

Le célèbre Ramus n'a fait aucune découverte dans les Mathématiques : ses élémens de *Géométrie* et d'*Arithmétique* sont médiocres; mais il a d'ailleurs bien mérité des sciences par le zèle qu'il mit à les défendre, et par le sacrifice qu'il leur fit de son repos, de sa fortune, et même de sa vie. On sait qu'il les professait au collége de France, où il fonda pour elles une chaire qui subsiste encore ; qu'il était de la religion protestante, et qu'il fut massacré dans l'horrible journée de la Saint-Barthélemi, par un de ses confrères nommé *Charpentier*, zélé catholique.

RAMUS,
né en 1502.
m. en 1572.

Fernel, médecin de Henri second, roi de France, s'est fait un grand nom par divers ouvrages de médecine, et par quelques traités et observations de Mathématiques. On prétend que la faveur dont il jouissait à la cour venait d'avoir enseigné le beau secret de rendre féconde Catherine de Médicis. Nous avons de lui un livre de Mathématiques pures, intitulé : *De Proportionibus*, et deux ouvrages astronomiques, l'un intitulé *Monalospherion*, espèce d'Analemme, l'autre *Cosmotheoria*. Sa plus grande célébrité en ce genre de connaissance est fondée sur la mesure qu'il donna le premier parmi les modernes de la grandeur de la terre. Il estima, par le nombre de tours

FERNEL,
né en 1506.
m. en 1558.

que faisait une roue de carrosse sur la route de
Paris à Amiens, jusqu'à ce que l'étoile polaire
s'élevât d'un degré, que la longueur d'un
degré du méridien était de 56746 toises de
Paris : résultat fort approchant de la vérité ;
mais tout le monde sent qu'une telle exactitude ne peut être attribuée qu'au hasard.

Il serait aussi inutile qu'ennuyeux de citer
ici une foule de géomètres qui écrivirent en
ce temps-là des ouvrages fort estimables,
mais peu profonds, et aujourd'hui presque
entièrement oubliés. Je nommerai cependant
deux mathématiciens Allemands, Pierre Metius, Adrianus Romanus, et un mathématicien Hollandais, Leudolphe-Van-Ceulen ;
tous trois auteurs de différentes méthodes pour
déterminer d'une manière beaucoup plus
approchée qu'on ne l'avait fait encore, le
rapport de la circonférence du cercle au diamètre. Pierre Metius fit la remarque, très-
digne d'attention et de notre reconnaissance,
qu'en représentant le diamètre par 113, la
circonférence l'est par 355 : résultat qui approche singulièrement de la vérité, eu égard
au petit nombre de chiffres par lesquels il est
exprimé. Je n'oublierai pas non plus le célèbre
Snellius, autre célèbre mathématicien Hollandais, qui se fit dans la suite une grande répu-

SNELLIUS,
né en 1591,
m. en 1626.

tation par ses recherches sur les réfractions, et qui commença, dès l'âge de dix-sept ans, à écrire des ouvrages de Géométrie, où l'on trouve, entr'autres choses curieuses, une nouvelle détermination du rapport de la circonférence du cercle au diamètre.

Les ouvrages de Régiomontanus, de Tartaglia et de Bombelli contiennent quelques problèmes de Géométrie résolus par le moyen de l'Algèbre. Mais ces solutions isolées, et où l'on employait dans chaque cas particulier de simples nombres pour exprimer les lignes connues, n'étaient pas fondées sur une méthode régulière et générale d'appliquer l'Algèbre à la Géométrie. Viète est le premier qui ait donné une telle méthode. Le secours mutuel que ces deux sciences se prêtent fut pour notre auteur la source de plusieurs importantes découvertes. Par exemple, il observa que toute équation du troisième degré, contenant en général, ou une seule racine réelle et deux imaginaires, ou trois racines réelles: la racine réelle dans le premier cas, se trouvait par la duplication du cube; et les trois racines réelles, dans le second, par la trisection de l'angle. On ne doit pas oublier néanmoins qu'il n'avait qu'une idée confuse des racines négatives, et que Descartes a

Géométrie mixte.

commencé à les faire connaître distinctement.

Les élémens de la doctrine *des sections angulaires* sont encore une invention de Viète. On sait que l'objet de cette théorie est de trouver les expressions générales des cordes ou des sinus, pour une suite d'arcs multiples les uns des autres; et réciproquement, les expressions des arcs quand on connaît les cordes ou les sinus : elle a reçu des accroissemens entre les mains de Hermann, Jacques Bernoulli et Euler.

Quelques auteurs ont imprimé, d'autres ont répété, et on répète tous les jours en conversation, que Descartes est l'inventeur de l'application de l'Algèbre à la Géométrie. Cela n'est pas exact. On accorde à Descartes plus qu'il ne doit prétendre, et on oublie trop les droits de ses prédécesseurs, et en particulier ceux de Viète. L'erreur est sans doute pardonnable, quand on considère l'usage si heureux, si original, si étendu que Descartes a fait de cette découverte; mais enfin la justice rigoureuse doit l'emporter et rétablir la vérité. Descartes y perdra peu : il aura d'abord la gloire d'avoir le premier résolu complètement par cette voie le problème général suivant que les anciens géomètres, Euclide, Apollonius et Pappus s'étaient proposé, et dont ils n'avaient fait qu'ébaucher la solution : *ayant un nombre quelconque de lignes droites données de position sur un plan, trouver un point duquel on puisse tirer autant d'autres lignes droites, une sur chacune des données, qui fassent avec elles des angles donnés, avec cette condition que le produit de deux lignes ainsi tirées ait un rapport donné avec le quarré de la troisième, s'il n'y en a que trois ; ou bien avec le produit des deux autres s'il y en a quatre : ou bien s'il y en a cinq, que le produit de trois ait le rapport donné avec le produit des deux lignes restantes et d'une troisième ligne donnée ; ou bien s'il y en a six, etc.* Descartes commença par observer que la question ainsi proposée est indéterminée, et qu'il existe une infinité de points d'où l'on peut mener les lignes demandées ; il conçut que tous ces points pouvaient être regardés comme placés sur la courbe que décrit un style que l'on ferait mouvoir sur un plan, suivant les conditions du problème ; il exprima cette condition par une équation entre les quantités *données*, et deux lignes variables ; de telle manière qu'en se donnant à volonté l'une de ces lignes, l'autre se tirait de l'équation ; ce qui faisait connaître à chaque

I.

instant la position du point décrivant. Bientôt, par un nouvel effort de génie dont il ne partage l'honneur avec personne, il s'éleva à la méthode générale de représenter la nature des lignes courbes par des équations, et de les distribuer en différentes classes, à raison des divers degrés de ces équations : champ vaste et fécond que Descartes a ouvert à la sagacité de tous les géomètres. Par-là, étant donnée la loi suivant laquelle une courbe doit être décrite, on suit son cours dans l'espace ; on détermine ses tangentes, ses perpendiculaires, ses branches finies, ou infinies, ses points d'inflexion ou de rebroussement, et en général toutes les affections qui la caractérisent. Cette méthode réunit sous un même point de vue la simplicité et la généralité. Ainsi, par exemple, une même équation du second degré entre l'abscisse et l'ordonnée combinées avec des quantités constantes, peut représenter en général la nature des trois sections coniques ; ensuite les valeurs et les rapports des quantités constantes restreignent l'équation à exprimer, dans les cas particuliers, une parabole, une ellipse ou une hyperbole.

On doit encore à Descartes la manière d'envisager et de construire les courbes à double courbure, en les projetant sur deux plans perpendiculaires entr'eux, sur lesquels elles forment des courbes ordinaires qui ont une abscisse et une ordonnée communes.

De tous les problèmes qu'il résout dans sa Géométrie, aucun ne lui fit autant de plaisir, comme il le dit lui-même, que sa méthode pour mener les tangentes aux lignes courbes, par où néanmoins il ne faut entendre que les courbes géométriques. Cette méthode donne les tangentes par le moyen des perpendiculaires aux points de contingence. L'auteur feint que d'un point quelconque pris sur l'axe de la courbe, on décrive un cercle lequel coupe la courbe au moins en deux points : il cherche l'équation qui exprime les lieux des intersections ; il suppose ensuite que le rayon du cercle diminue jusqu'à ce que deux intersections voisines viennent à coïncider : alors les deux rayons correspondans n'en forment qu'un seul qui est perpendiculaire à la courbe ; et la question est réduite à former, d'après ces élémens, une équation qui contienne deux racines égales. Dans la suite, Descartes proposa une autre méthode pour les tangentes : il prend ici hors de la courbe, et sur le prolongement de son axe, un point autour duquel il fait tourner une ligne droite qui coupe la courbe au moins en deux points : il fait coïn-

cider les deux points d'intersection, en assu-
jettissant, comme tout à l'heure, l'équation
des intersections à contenir deux racines
égales. On voit que les deux méthodes sont
fondées sur le même principe; elles sont l'une
et l'autre fort ingénieuses, quoique bien moins
simples et moins directes que celle du calcul
différentiel. La Géométrie de Descartes parut
en 1637.

Avant cette époque, Fermat avait trouvé
sa méthode pour déterminer les *maxima* et
les *minima*, dans les quantités qui croissent
d'abord, puis décroissent, ou qui commencent
à diminuer, puis viennent à augmenter. Elle
porte sur cette remarque, qu'en deçà et en delà
du point de *maximum* et de *minimum*, il y a
deux grandeurs égales. Fermat cherche les expressions de deux grandeurs distantes d'un
intervalle arbitraire, il les égale entr'elles, et
supposant ensuite que l'intervalle proposé devienne infiniment petit, ou plus petit que
toute quantité finie assignable, il obtient une
équation qui donne le *maximum* ou le *mi-*
nimum. Ce même moyen sert à déterminer
les tangentes des courbes géométriques, en
considérant d'abord une tangente comme une
sécante, puis faisant évanouir la portion d'abscisse, comprise entre les deux ordonnées qui

répondent aux deux points d'intersection. Le calcul différentiel porte sur la même base; cependant Fermat ne peut pas être appelé l'inventeur de ce calcul : sa méthode n'est point réduite en Algorithme; elle n'est qu'une simple indication générale des calculs qu'il faut faire dans chaque cas particulier; elle ne s'applique qu'aux courbes géométriques, et même dans ce cas elle demande qu'on fasse disparaître les quantités radicales que les équations peuvent contenir; ce qui mène souvent à des calculs intraitables, ou par leur longueur, ou par la difficulté de reconnaître la racine qui satisfait au problème.

Nous rapportons à la Géométrie mixte plusieurs ouvrages qui parurent dans le dix-septième siècle, avant la naissance des calculs différentiel et intégral : non pas que les méthodes qu'on y emploie soient toutes fondées sur le calcul algébrique, mais parce qu'elles sont toujours au moins dirigées par l'esprit de ce calcul.

Un des plus originaux est la *Géométrie des indivisibles*, de Cavaleri, qui parut en 1635. La méthode des anciens pour déterminer les surfaces, et les solidités des corps, était très-rigoureuse; mais elle avait l'inconvénient d'exiger plusieurs détours : il fallait inscrire

CAVALERI, né en 1598, m. en 1647.

et circonscrire des polygones à une figure, former des solides inscrits et circonscrits à un solide; ensuite chercher la limite du rapport entre le dernier polygone inscrit et le dernier polygone circonscrit, ou celle du rapport entre le dernier solide inscrit et le dernier solide circonscrit. Cavaleri marche plus directement au but: il regarde les surfaces planes comme formées par des sommes infinies de lignes, les solides comme formés par des sommes infinies de plans; et il prend pour principe que les rapports de ces sommes infinies de lignes, ou de plans, comparativement à l'unité de numération dans chaque cas, sont les mêmes que ceux des surfaces ou des solides qu'il fallait mesurer. L'ouvrage de Cavaleri est divisé en sept livres: dans les six premiers, l'auteur applique sa nouvelle théorie à la quadrature des sections coniques, à la cubature de leurs solides de révolution, et à d'autres questions de pareille nature sur les spirales; le septième est employé à démontrer les mêmes choses par des principes indépendans des indivisibles, et à établir par la conformité des résultats la parfaite exactitude de la nouvelle méthode.

De leur côté, les géomètres Français résolvaient des problèmes semblables; mais d'une plus grande difficulté. Par exemple, Fermat, Roberval et Descartes quarrèrent les paraboles des ordres supérieurs, déterminèrent les solides, et les centres de gravité des solides que toutes ces courbes forment, en tournant autour de l'abscisse ou de l'ordonnée ; ce qui complétait la théorie qu'Archimède avait donnée pour la parabole ordinaire.

La méthode de Roberval était fondée comme celle de Cavaleri, sur le principe des indivisibles, mais présentée sous un point de vue plus conforme à la rigueur géométrique, en ce que Roberval considérait les plans, ou les solides, comme ayant pour élémens des rectangles de hauteurs indéfiniment petites, ou des tranches d'épaisseurs indéfiniment petites, et non pas des simples lignes, ou des simples plans. Il y a preuve qu'il employait ce moyen dès l'année 1634, et que par conséquent il n'a rien emprunté de Cavaleri.

Vers le même temps, Roberval appliqua ses méthodes à la cycloïde, courbe devenue célèbre par ses propriétés nombreuses et singulières ; il détermina l'aire de cette courbe, et les solides qu'elle engendre en tournant autour de la base ou de l'axe ; il trouva aussi le centre de gravité de l'aire de la même courbe, et ceux de ses parties situées des

Roberval.
né en 1602,
m. en 1675.

deux côtés de l'axe. Ces nouveaux problèmes
ayant été proposés à Fermat et à Descartes,
ils les résolurent également. Ils apprirent de
plus à mener les tangentes de la cycloïde,
qui étant une courbe mécanique demandait
d'autres méthodes que celles qu'ils possédaient
auparavant pour mener les tangentes des
courbes géométriques. Roberval s'était fait
une méthode générale pour les tangentes,
laquelle s'appliquait indistinctement aux
courbes géométriques ou mécaniques, et
par là il trouva de son côté les tangentes de
la cycloïde. Cette méthode mérite d'être remarquée par l'analogie qu'elle a, quant au
principe métaphysique, avec celle des *fluxions*
que Newton donna long-temps après. Une
courbe étant supposée décrite par le mouvement d'un point, Roberval regarde ce
point comme animé à chaque instant de deux
vitesses données par la nature de la courbe ;
il construit un parallélogramme dont les côtés
sont proportionnels à ces vitesses ; et il prend
pour principe que la direction de l'élément,
ou de la tangente, doit tomber sur la diagonale ; de sorte que, connaissant la position
de cette diagonale, on a celle de la tangente.
Ainsi, par exemple, dans l'ellipse, où la
somme des deux lignes menées des deux foyers

à un même point de la courbe, est toujours la même, si l'une de ces lignes vient à diminuer d'une certaine quantité, l'autre augmentera de la même quantité : alors le parallélogramme devient un lozange, et par conséquent la tangente doit diviser en deux parties égales l'angle formé par les prolongemens des deux lignes proposées. Mais la méthode ne s'applique pas avec la même facilité à tous les exemples : elle devient même souvent impraticable par la difficulté de déterminer les deux vitesses du point décrivant ; au lieu que dans la méthode des fluxions, le principe métaphysique étant réduit en un algorithme de calcul, débarrassé de toutes les opérations superflues, une même formule générale fait trouver sans la moindre difficulté les tangentes à toutes les courbes dont on a l'équation.

A un grand talent pour la Géométrie, Roberval joignait malheureusement un caractère vain et hargneux. Il fut dans une guerre continuelle avec Descartes et d'autres géomètres français, et très-souvent il avait tort. Il offensa mortellement Torricelli, au sujet des problèmes de la cycloïde. Cet illustre géomètre italien ayant fait imprimer comme de son invention des solutions de ces problèmes, en 1644, Roberval les revendiqua, soutenant qu'elles étaient dans le fond les mêmes que les siennes, dont un certain Beaugrand avait donné communication à Galilée, d'où elles avaient passé, après sa mort, entre les mains de Torricelli, son disciple, et l'héritier de ses papiers. Torricelli conçut un tel chagrin de cette accusation de plagiat, qu'il en mourut à la fleur de son âge. En suivant attentivement les démonstrations de Torricelli, on demeure convaincu qu'elles lui appartiennent, et que vraisemblablement il n'avait pas lu les prétendues copies des solutions de Roberval, envoyées à Galilée, ni l'*Harmonie universelle* du P. Mersenne, publiée en 1637, où ces mêmes solutions sont imprimées.

GRÉGOIRE de St. Vincent, né en 1584, m en 1667.

Le Jésuite Grégoire de Saint-Vincent, géomètre des Pays-Bas, se fit de la réputation dans les Mathématiques par un ouvrage où il cherchait la quadrature du cercle qu'il ne trouva point, mais rempli d'ailleurs de théories exactes et profondes sur la mesure des onglets de différens corps formés par la révolution des sections coniques.

Hérigone mérite d'être cité ici, non pas comme un mathématicien du premier ordre, mais pour avoir rassemblé dans un cours de Mathématiques, latin et français, fort répandu et fort utile, toutes les parties de ces sciences,

An 1634.

dans l'état où elles se trouvaient de son temps. Outre les connaissances générales d'Arithmétique, d'Algèbre, de Géométrie, de Mécanique, d'Astronomie, de Géographie, etc. Hérigone a fait entrer dans sa collection plusieurs ouvrages des anciens géomètres, tels que les Elémens d'Euclide, ses *données*, son Optique et sa Catoptrique, la Géométrie des *tactions* d'Apollonius, les *Sphériques* de Théodose, etc. On loue sa manière de démontrer, nette, claire et rigoureuse.

La célèbre *méthode inverse des tangentes* prit naissance, à l'occasion d'un problème que Beaune proposa à son ami Descartes: c'était de *trouver une courbe telle que l'ordonnée fût à la soutangente, comme une ligne donnée est à la partie de l'ordonnée, comprise entre la courbe et une ligne inclinée, sous un angle donné*. Descartes indiqua la construction et plusieurs propriétés de la courbe; mais il ne put achever la solution réservée à l'Analise infinitésimale.

Pendant que Roberval et quelques autres géomètres français s'efforçaient de rabaisser la Géométrie de Descartes, elle trouvait dans les pays étrangers une foule d'admirateurs du plus grand mérite. Tel fut principalement Schooten, professeur des Mathématiques à

BEAUNE, né en 1601, m. en 1612.

An 1647

Schooten, né en ...., m. en 1659.

Leyde, qui la développa et l'amplifia dans un excellent commentaire publié pour la première fois en 1649, et réimprimé dans la suite avec des augmentations considérables. Il s'était déjà distingué dès l'année 1646 par un ouvrage intitulé : *Exercitationes geometriæ.*

En 1655.

En Angleterre, la Géométrie acquérait de nouvelles richesses d'un autre genre. Wallis résolut par son *Arithmétique des infinis*, un grand nombre de beaux problèmes concernant les quadratures des courbes, la cubative des solides, la détermination des centres de gravité, etc.

Lorsqu'on eut quarré les paraboles de tous les ordres, on devait naturellement penser à déterminer leurs courbures, ou en général à trouver une ligne droite qui fût égale en longueur au périmètre d'une courbe donnée. Ce nouveau problème était alors de la plus grande difficulté. Dès l'année 1657, Huguens donna par lettres quelques ouvertures pour le résoudre. Son compatriote Van-Heuraet réduisit la question à des constructions géométriques un peu embarrassantes, mais qui enfin le conduisirent à une très-belle découverte : il trouva que la seconde parabole cubique, où les quarrés des ordonnées sont comme les cubes des abscisses, est égale à une ligne droite qu'il assigne. Cette découverte fut publiée en 1659, à la suite d'une seconde édition du commentaire de Schooten sur la Géométrie de Descartes. Les autres paraboles ne sont pas algébriquement rectifiables ; mais on peut du moins les mesurer par des méthodes d'approximation, en employant les séries, ou les quadratures de certains espaces curvilignes faciles à calculer : par exemple, la rectification de la parabole ordinaire dépend de la quadrature de l'hyperbole, ou des Logarithmes. Huguens, dans les démonstrations géométriques de son *Horologium oscillatorium*, qui parurent pour la première fois en 1673, rectifie des courbes, quarre des surfaces, ou rappelle leurs expressions à d'autres plus simples, avec une adresse et une élégance que les amateurs de la véritable Géométrie, de la Géométrie linéaire, ne se lassent point d'admirer.

On croit ordinairement, d'après l'assertion de Wallis dans son traité *de Cissoïde*, que Guillaume Neil, son disciple, est le premier qui ait rectifié la seconde parabole cubique. Huguens soutient au contraire que le théorème de Van-Heuraet était répandu parmi les géo-mètres, avant que les Anglais se fussent occupés de la même question. Comme les méthodes

Hug., op.
tom. 1, p. 1re.

sont différentes, il pourrait se faire que Van-
Heuraet et Neil fussent arrivés au même résultat, sans avoir rien emprunté l'un de l'autre.
Du reste, tous ces problèmes ne sont plus que
des jeux, depuis l'invention de l'Analise infinitésimale.

Problèmes de
Pascal sur la
cycloïde

La cycloïde commençait à être un peu ou-
bliée des géomètres, lorsqu'en 1658 Pascal la
ramena sur la scène, en proposant sur cette
courbe de nouveaux problèmes, et s'enga-
geant à donner des prix à ceux qui les résou-
draient. On avait déterminé l'aire totale de la
cycloïde, le centre de gravité de cette aire,
les solides et les centres de gravité des solides
que la courbe décrit en tournant autour de sa
base, ou du diamètre du cercle générateur :
Pascal demanda, ce qui était alors beaucoup
plus difficile, des mesures indéfinies, c'est-à-
dire, l'aire d'un segment quelconque de cycloïde, le centre de gravité de ce segment, les
solides et les centres de gravité des solides,
que ce segment décrit en tournant autour de
l'ordonnée, ou autour de l'abscisse, soit qu'il
fasse une révolution entière, ou une demi-
révolution, ou un quart de révolution. Huguens quarra le segment compris depuis le
sommet jusqu'au quart du diamètre du cercle
générateur ; Sluze mesura l'aire de la courbe

par une méthode très-élégante ; le célèbre
architecte anglais Wrenn, qui a bâti Saint-Paul
de Londres, détermina la longueur et le centre
de gravité de l'arc cycloïdal compris depuis le
sommet jusqu'à l'ordonnée, et les surfaces
des solides de révolution que cet arc produit;
Fermat et Roberval, sur le simple énoncé des
théorèmes du géomètre anglais, en trouvèrent
les démonstrations. Mais toutes ces recherches,
quoique très-belles et très-profondes, ne
répondaient pas, du moins entièrement, aux
questions du programme. Aussi ne furent-
elles pas envoyées au concours. Wallis et le
P. Lallouère, Jésuite, furent les seuls qui,
ayant traité tous les problèmes proposés, se
crurent en droit de prétendre aux prix ; mais
Pascal leur démontra à l'un et à l'autre qu'ils
s'étaient trompés en plusieurs points, et qu'ils
avaient donné de faux résultats, fondés sur
des erreurs, non de calculs, mais de méthodes.
Lui seul donna, en 1659, la solution véritable
et complète des problèmes proposés, ainsi
que de plusieurs autres encore plus difficiles.
Il n'était question dans toutes ces recherches
que de la cycloïde ordinaire. Pascal détermina
de plus les dimensions de toutes les cycloïdes
allongées ou raccourcies. Il fit voir que la longueur de ces courbes dépend de la rectification

SAVER,
né en 1611,
m. en 1665.

WARNN,
né en 1632,
m. en 1723.

de l'ellipse, et il assigna les axes de l'ellipse pour chaque cas : lorsque l'un de ces axes devient nul, l'ellipse se change en une simple ligne droite, la courbe devient la cycloïde ordinaire, et Pascal conclut de sa méthode qu'alors l'arc cycloïdal est double de la corde correspondante du cercle générateur ; ce qui comprend le théorème de Wrenn comme un cas particulier. Il tira encore de sa méthode un autre théorème très-remarquable, qui est que si deux cycloïdes, l'une allongée, l'autre accourcie, sont telles que la base de l'une soit égale à la circonférence du cercle générateur de l'autre, ces deux cycloïdes ont des longueurs égales. On reconnaît dans toutes les inventions de Pascal en Mathématiques, l'un des plus puissans génies que la terre ait porté pour l'avancement des sciences. Les géomètres regrettent qu'il ne leur ait pas consacré tout le temps de sa courte vie ; mais on y eût perdu ces fameuses *Lettres provinciales*, et ces *Pensées* profondes, peut-être le chef-d'œuvre de l'éloquence française.

BARROW, né en 1630, m. en 1677.   Barrow eut une idée heureuse, et qu'on peut regarder comme un nouvel acheminement vers l'Analise infinitésimale, en formant son *triangle différentiel* pour mener les tangentes des lignes courbes. On sait que ce triangle a pour côtés l'élément de la courbe et ceux de l'abscisse et de l'ordonnée. La méthode de Barrow n'est dans le fond que celle de Fermat simplifiée et abrégée, en ce que Barrow traite immédiatement les trois côtés du triangle comme des quantités infiniment petites, et s'épargne par là quelques longueurs de calcul; mais elle ne porte pas encore les caractères essentiels du calcul différentiel, c'est-à-dire un algorithme uniforme pour tous les cas, et l'avantage de donner par une même formule générale les tangentes de toutes sortes de courbes géométriques ou mécaniques. Aussi Barrow en est-il resté au problème des tangentes, limité même au seul cas où les équations sont algébriques et rationnelles, tandis que le calcul différentiel s'applique à une infinité d'autres usages.

Les anciens attachaient un grand prix à la simplicité et à l'élégance des constructions dans les problèmes géométriques : Sluze, leur imitateur à cet égard, porta au plus haut degré de perfection, l'usage des lieux géométriques pour la résolution des équations.

Une des plus grandes découvertes que la Géométrie moderne ait faites, est la *Théorie des développées*, inventée par Huguens : elle

Théorie des développées, inventée par Huguens.

se trouve dans son *Horologium oscillatorium,*
que j'ai cité ci-dessus. Etant donnée une
courbe, Huguens forme une autre courbe,
en menant à la première une suite de lignes
droites perpendiculaires, qui touchent la seconde : ou bien, réciproquement étant donnée
cette seconde courbe, il construit la première.
De cette idée générale, il déduit une foule de
propositions remarquables, telles que divers
théorèmes sur les rectifications des courbes,
la propriété singulière qu'a la cycloïde de produire en se développant une cycloïde égale et
semblable, posée dans une situation renversée, etc. Les usages de cette même théorie,
dans toutes les parties des Mathématiques, ne
peuvent se nombrer. Apollonius en avait donné
une notion générale ; mais elle était demeurée
stérile ; et Huguens, qui non content de défri-
cher ce champ, lui a fait produire lui-même
une ample moisson, aura toujours la gloire
d'en avoir transmis la possession aux géomètres.

Les Anglais continuaient d'enrichir la Géométrie de nouveautés alors très-piquantes.
Brouncker donna une suite infinie pour représenter l'aire de l'hyperbole ; Nicolas Mercator
parvint de son côté à la même découverte.
Wallis avait enseigné depuis long-temps à
quarrer les courbes dont les ordonnées sont

des monomes ; sa méthode s'appliquait égale-
lement aux courbes qui ont pour ordonnées
des quantités complexes élevées à des puissances entières et positives , en faisant le développement de ces puissances , par les principes
ordinaires de la multiplication. Il voulut étendre
aussi cette théorie aux courbes qui ont des ordonnées complexes et radicales, en cherchant
à interposer pour ce cas de nouvelles suites
aux suites de la première espèce ; mais il ne put
y réussir. Newton surmonta la difficulté ; il fit
plus : il résolut le problème d'une manière
directe et beaucoup plus simple, au moyen de
la formule qu'il trouva pour développer en
une suite infinie, une puissance quelconque
d'un binôme , quel que soit l'exposant de la
puissance , entier ou rompu , positif ou néga-
tif. La suite infinie qui résulte de là pour la
quadrature du cercle fut trouvée d'une autre
manière par Jacques Grégori. Ce même géomètre forma plusieurs autres suites très - curieuses. Dans un ouvrage qui est resté en manuscrit, mais dont on a conservé le précis , il
donnait la tangente et la sécante par l'arc, et
réciproquement l'arc par la tangente ou la sécante ; il formait des suites pour trouver immédiatement le logarithme de la tangente ou
de la sécante , quand l'arc est donné ; et réci-

proquement le logarithme de l'arc par celui de la tangente ou de la sécante : enfin il appliquait cette théorie des suites à la rectification de l'ellipse et de l'hyperbole.

L'usage des suites dans la géométrie fit aussi des progrès en Allemagne. Leïbnitz donna une méthode pour transformer une surface curviligne en une autre dont les parties supposées égales à celles de la première eussent d'ailleurs une figure et une position telles qu'on pût appliquer à la quadrature de cette dernière courbe les méthodes de Mercator et de Wallis.

CHAPITRE III.

Progrès de la Mécanique.

On a inventé, dans cette période comme dans les deux précédentes, un grand nombre de machines très-ingénieuses; mais la théorie de la Mécanique est toujours demeurée dans un état de stagnation jusqu'au seizième siècle. Stevin, mathématicien Flamand, paraît être le premier qui ait fait connaître directement, et sans le secours du levier, les lois de l'équilibre d'un corps posé sur un plan incliné. Il a examiné avec le même succès plusieurs autres questions de Statique. La manière dont il détermine les conditions de l'équilibre entre plusieurs forces qui concourent en un même point, revient, quant au fond, au fameux principe du parallélogramme des forces; mais il n'en a pas senti toute la fécondité et tous les avantages.

En 1592, Galilée composa un petit traité de Statique, qu'il réduit à ce principe unique : il faut la même quantité de force pour élever deux poids différens à des hauteurs qui leur

STEVIN, né en .... m. en 1635.

Progrès de la Statique.

GALILÉE, né en 1564, m. en 1642.

soient réciproquement proportionnelles, c'est-
à-dire, par exemple, qu'il faut la même force
pour élever un fardeau de deux livres à la
hauteur d'un pied, que pour élever un fardeau d'une livre à la hauteur de deux pieds.
D'où il était facile de conclure que dans toutes
les machines en équilibre, les puissances, qui
se combattent, sont réciproquement proportionnelles aux espaces qu'elles tendent à parcourir dans le même temps. La seule question
est donc de bien déterminer ces espaces d'après
la disposition et le jeu des pièces de la machine. Ainsi, par exemple, dans la vis ordinaire, où le poids s'élève de la hauteur du
pas de la vis, tandis que la puissance décrit
dans le sens horizontal une circonférence de
cercle, le poids est à la puissance comme
cette circonférence est à la hauteur du pas de
la vis. Long-temps après, Descartes employa
ce même principe pour déterminer l'équilibre
de toutes les machines, dans un petit ouvrage
intitulé : *Explication des Machines et Engins.* Il aurait dû citer Galilée.

Il n'entre pas dans mon plan de rapporter
les applications pratiques qu'on a faites des
principes de la Mécanique. Cependant je ne
puis m'empêcher de remarquer ici en passant
que ce Claude Perrault, tant décrié par

Despréaux qui n'était pas en état de l'apprécier, montra autant de connaissances mathématiques et physiques, que de génie, dans les machines qu'il inventa pour élever les énormes pierres qui forment le fronton de la colonnade du Louvre. Voyez-en la description dans son commentaire sur le chapitre XVIII du livre X de Vitruve.

La théorie générale du mouvement, dont les anciens n'avaient connu que le cas particulier du mouvement uniforme, prit naissance entre les mains de Galilée. Il trouva la loi de l'accélération des corps qui tombent librement par la pesanteur, ou qui glissent sur des plans inclinés; et il établit à ce sujet les propriétés générales du mouvement uniformément accéléré. La conformité de sa théorie avec les phénomènes de la nature est un des plus grands pas que la physique moderne ait faits : elle a formé le premier échelon du système de la gravitation universelle.

En voyant tomber une pierre, tout le monde pouvait juger que son mouvement s'accélère, et devient d'autant plus rapide, qu'elle tombe de plus haut, puisque la pierre, dont la masse demeure constante, frappe un coup d'autant plus fort, que la hauteur de la chute est plus grande. Mais quelle est la proportion suivant

Progrès de la Mécanique du mouvement.

Loi de l'accélération des corps graves, découverte par Galilée.

laquelle se fait cette accélération ? Voilà le
nouveau problème que Galilée résolut : il y
parvint par une de ces considérations simples
qui peuvent entrer dans toutes les têtes, mais
qui ne deviennent fécondes que dans les têtes
des hommes de génie.

Puisque tous les corps sont pesans, dit
Galilée, et qu'en quelque nombre de parties
qu'on divise une masse quelconque, un lingot
d'or, un bloc de marbre, toutes ces parties
sont elles-mêmes des petits corps pesans, il
s'ensuit que le poids total de la masse est pro-
portionnel au nombre d'atômes matériels dont
elle est composée. Or la pesanteur étant ainsi
une force toujours constante en quantité,
et son action ne souffrant jamais d'interruption, elle doit en conséquence donner continuellement des coups égaux à un corps, pendant chacun des instans égaux et successifs du
temps. Si le corps est retenu par quelque obstacle, si, par exemple, il est posé sur une
table horizontale, les coups de la pesanteur,
sans cesse renouvelés, sont sans cesse détruits
par la résistance de la table ; mais si le corps
tombe librement, ces coups s'accumulent sans
cesse, et demeurent dans le corps sans altéra-
tion, abstraction faite de la résistance de l'air :
d'où il résulte qu'alors le mouvement doit s'ac-

célérer par degrés égaux. L'expérience a pleinement confirmé ce raisonnement solide. Heureusement Galilée apporta à cette question un esprit dégagé de tout préjugé et de toute opinion systématique sur la cause de la pesanteur; car s'il avait cru, par exemple, comme quelques-uns des philosophes qui lui ont succédé, que les coups de la pesanteur sont produits par l'impulsion d'une matière subtile ambiante, il eût manqué la vérité, les coups dont il s'agit n'étant point proportionnels aux masses des corps tombans, et allant toujours en diminuant à mesure que la vitesse augmente.

Parmi les savans qui saisirent et commentèrent des premiers la théorie de Galilée sur la chute des graves, on doit distinguer son disciple Torricelli, qui publia à ce sujet, en 1644, un ouvrage très-élégant, intitulé : *De Motu gravium naturaliter accelerato*. Il ajouta plusieurs propositions fort curieuses à celles que Galilée avait données sur le mouvement des projectiles.

Huguens considéra le mouvement des corps graves sur des courbes données. Il démontra en général que la vitesse d'un corps grave qui descend le long d'une courbe quelconque, est la même à chaque instant dans la direction de la tangente, que celle qu'il aurait acquise en tombant librement d'une hauteur égale à l'abscisse verticale correspondante. Ensuite appliquant ce principe à une cycloïde renversée, dont l'axe est vertical, il trouva qu'un corps pesant, de quelque endroit de l'arc cycloïdal qu'il parte, arrive toujours dans le même temps au point le plus bas, ou à l'extrémité inférieure de l'arc. Cette proposition très-remarquable renferme ce qu'on appelle ordinairement le *tautochronisme* de la cycloïde : elle aurait suffi seule pour faire la fortune d'un géomètre.

Lois de la communication des mouvemens.

Du mouvement d'un corps isolé, on passa à l'examen des mouvemens que plusieurs corps se communiquent, en agissant les uns sur les autres, ou par le choc, ou par l'interposition de leviers, de cordes, etc. Le plus simple de ces problèmes était celui d'un corps qui en va choquer un autre, qui est en repos, ou qui fuit devant lui avec une moindre vitesse, ou qui vient à sa rencontre. Descartes, égaré par ses principes métaphysiques qui l'avaient conduit à supposer qu'il existe toujours la même quantité absolue de mouvemens dans le monde, conclut que la somme des mouvemens après le choc était égale à la somme des mouvemens avant le choc. Mais la proposition n'est vraie que pour les deux premiers cas : elle est fausse

quand les deux corps viennent à la rencontre
l'un de l'autre ; car alors la somme des mouvemens après le choc est égale, non pas à la
somme, mais à la différence des mouvemens
avant le choc. Ainsi Descartes n'a rencontré la
vérité qu'en partie. En 1661, Huguens, Wallis
et Wrenn découvrirent chacun de leur côté, et
sans s'être rien communiqué (car les preuves
en ont été bien établies) les véritables lois du
choc des corps. La base de leurs solutions est
que dans la percussion mutuelle de plusieurs
corps la quantité absolue de mouvement du
centre de gravité est la même après qu'avant
le choc. De plus, lorsque les corps sont élas-
tiques, la vîtesse respective est la même après
qu'avant le choc.

Deux autres problèmes fameux et plus difficiles, concernant la communication des mouvemens, proposés par le P. Mersenne, exer- An 1655.
cèrent long-temps les géomètres : l'un consistait à déterminer le centre d'oscillation d'un
pendule composé, et l'autre, à trouver le
centre de percussion d'un corps ou d'un système de corps qui tourne autour d'un axe
fixe.

Dans le premier, on suppose que plusieurs Problème des
corps pesans liés entr'eux, à des distances in- centres d'os-
variables, par des verges considérées comme cillation.

non pesantes, oscillent autour d'un axe horizontal fixe : alors tous ces corps se gênent les
uns les autres dans leurs mouvemens, et ne
prennent pas les mêmes vitesses, que si chacun d'eux oscillait séparément ; les corps les
plus voisins de l'axe perdent une partie de
leurs mouvemens naturels, et la transmettent
aux corps les plus éloignés. Il y a ainsi équilibre entre les mouvemens perdus et les mouvemens gagnés. De quelque manière que cet
équilibre s'établisse, il existe dans le système
un point tel que si on y appliquait un petit
corps isolé, il oscillerait dans le même temps
que le pendule composé : d'où l'on a donné à
ce point le nom de centre d'oscillation.

Problème des centres de percussion.

La propriété du centre de percussion est
d'une autre nature. Ce qui caractérise ce point,
est qu'il doit se trouver sur la direction de la
résultante de to.. les mouvemens des corps
d'un système qui .ourne autour d'un axe fixe,
et occuper dans ce système une place analogue
à celle qu'occupe le centre de gravité dans un
corps pesant. J'ai dit *d'une autre nature :* car
quoiqu'il soit démontré que le centre d'oscillation et le centre de percussion sont situés en
un même point du système, et que les deux
problèmes se résolvent par les mêmes principes de mécanique, l'application de ces prin-

cipes est plus simple et plus aisée dans le second cas que dans le premier, et les deux questions sont différentes.

Descartes et Roberval, persuadés qu'elles
étaient les mêmes, et trouvant plus de facilité
à les considérer sous le second point de vue
que sous le premier, déterminèrent le point
cherché avec exactitude dans quelques cas
particuliers; mais ils se trompèrent dans plusieurs autres. Leurs méthodes, fondées d'ailleurs sur des suppositions vagues et incertaines, étaient très-précaires et très-insuffi-
santes.

Huguens est le premier qui ait résolu, d'une
manière générale et complète, le plus important de ces problèmes, celui des centres d'oscillation. Il prit pour principe, que si, après
que le centre de gravité d'un pendule composé
est descendu au point le plus bas, tous les
corps viennent à se détacher les uns des autres,
et à remonter chacun séparément avec la vîtesse
qu'il a acquise, le centre de gravité du système dans cet état remontera à la même hauteur d'où le centre de gravité du pendule est
descendu. On n'entendit pas d'abord trop bien
cette solution : quelques savans en attaquèrent
le principe, très-certain en lui-même, mais
à la vérité un peu détourné, et par-là même

Huguens ré-
sout en géné-
ral le problè-
me des centres
d'oscillation.
Horologium os-
cillatorium an
1673.

no présentant pas, du moins pour tous les
esprits, une connexion bien évidente avec les
lois élémentaires de la Mécanique. On l'a démontré dans la suite de la manière la plus
incontestable et la plus lumineuse : il est connu
aujourd'hui partout sous le nom de *principe
de la conservation des forces vives*. Le problème des centres d'oscillation est le premier
enfant de cette nombreuse famille de *problèmes de dynamique*, si long-temps agités
parmi les géomètres.

Quoique la recherche du centre de percussion ne présentât que de médiocres difficultés
pour les géomètres versés dans la Mécanique,
plusieurs d'entr'eux résolurent mal ce problème, ou n'en donnèrent que des solutions
incomplètes. Wallis lui-même s'y trompa
dans son traité *de Motu*. Long-temps après,
Jacques Bernoulli, dont j'aurai beaucoup à
parler dans la suite, en donna une solution
exacte et générale, par le principe du levier.

Problème des
centres de per-
cussion, d'a-
bord mal ré-
solu.

Jacq. Bern.
Op. pag 947.

CHAPITRE IV.

Progrès de l'Hydrodynamique.

On a vu que Stevin avait un peu avancé la Statique : il a donné aussi quelque mouvement à l'Hydrostatique. Il fait voir que la pression d'un fluide sur le fond d'un vase est toujours comme le produit de ce fond par la hauteur du fluide, quelle que soit d'ailleurs la figure du vase; mais il ne paraît pas avoir bien senti la liaison réciproque de toutes les parties de l'Hydrostatique. Le premier traité méthodique et vraiment original que les modernes aient publié sur l'Hydrostatique, est celui de *l'équilibre des liqueurs* de Pascal. L'auteur démontre les propriétés de l'équilibre des fluides, par ce principe simple et fécond : que, lorsque deux pistons appliqués à deux ouvertures faites à un vase plein d'un fluide quelconque et fermé d'ailleurs de tous côtés, sont poussés par des forces réciproquement proportionnelles aux ouvertures, il sont en équilibre : il résout toutes les difficultés que certaines propositions pouvaient encore offrir :

Hydrostatique

telle était, par exemple alors, le fameux paradoxe qui n'en est plus un aujourd'hui, qu'un
filet d'eau et une colonne cylindrique pressant
sous même hauteur un même fond, exercent
des pressions égales.

Découverte
de la pesanteur
de l'air. La pesanteur de l'air, ignorée des anciens,
l'était encore de Galilée, même long-temps
après qu'il eût trouvé la théorie de l'accélération des graves. Il y a apparence que depuis
l'invention des pompes jusqu'à ce philosophe,
on n'avait pas eu l'idée ou l'occasion de placer
le piston dans la pompe aspirante, à une hauteur qui excédât celle de trente-deux pieds
au-dessus du réservoir : autrement on aurait
rencontré la difficulté qui fut proposée à Galilée par les fontainiers de Cosme de Médicis,
grand-duc de Florence. Quoi qu'il en soit, on
doit à une expérience tentée par ces ouvriers
la découverte, ou plus exactement la preuve
sans réplique de la pesanteur de l'air. Ils avaient
construit une pompe aspirante où il aurait
fallu que l'eau s'élevât, sous le piston, à plus
de trente-deux pieds de hauteur ; et voyant
qu'elle refusait de passer trente-deux pieds,
ils en demandèrent la raison à Galilée. L'honneur de la philosophie ne permettait pas de
demeurer court, ni même de différer la ré-
ponse. Les anciens attribuaient l'ascension de

l'eau dans les pompes à l'horreur de la nature pour le vide : Galilée indiqua cette cause aux fontainiers, ajoutant par rapport au cas présent, que l'horreur de la nature pour le vide cessait quand l'eau était parvenue à la hauteur de trente-deux pieds. Cette explication fut regardée comme un oracle, et personne ne s'avisa de la contredire. Mais en y réfléchisssant de plus près, Galilée soupçonna que cette horreur de la nature pour le vide et cette limite qu'il lui avait donnée, n'étaient que des chimères. Il n'alla pas d'ailleurs plus loin ; et quoiqu'il commençât à connaître la pesanteur de l'air par des expériences d'un autre genre, il n'eut pas l'idée d'employer ici cet agent.

Torricelli, son disciple, pensa que le poids de l'eau pouvait mettre quelqu'obstacle à son élévation dans les pompes : idée simple et heureuse, incompatible avec le système de l'horreur du vide ; car pourquoi le poids de l'eau aurait-il borné la force de cette horreur ? Guidé par ce trait de lumière, il fit avec un instrument d'où le Baromètre ordinaire a tiré sa forme et son origine, une expérience analogue à celle des pompes : il trouva que le mercure dont le poids est quatorze fois aussi grand que celui de l'eau, se tenait à une hauteur quatorze fois moindre. Alors Torricelli conclut que les deux phénomènes étaient produits par la même cause ; puis faisant un nouveau pas, il affirma que cette cause était la pesanteur de l'air.

Les partisans invétérés du système de l'horreur du vide opposèrent quelques doutes à l'explication de Torricelli ; mais ces doutes furent entièrement dissipés par la célèbre expérience du Puy-de-Dôme, près de Clermont en Auvergne : expérience exécutée par Perrier, d'après le projet que Pascal, son beau-frère, en avait donné, et où l'on vit pour la première fois le mercure baisser dans le Baromètre à mesure que l'on s'élevait le long de la montagne, ou que la colonne d'air diminuait de hauteur et de poids.

Hydraulique. Le cours des eaux à la surface de la terre attira l'attention de Castelli, autre disciple de Galilée. Dans un petit traité qu'il publia sur ce sujet en 1628, Castelli explique quelques phénomènes du mouvement des eaux dans un canal naturel ou artificiel de figure quelconque : il établit que lorsque l'eau a pris une fois un cours régulier et permanent, les vitesses aux différentes sections faites perpendiculairement à la direction du mouvement, sont en raison inverse des surfaces de ces sections : principe

vrai, et dont Castelli déduit plusieurs conséquences vraies ; mais il se trompe ensuite dans
la mesure absolue de la vitesse qu'il fait proportionnelle à la pente du canal, ou à la hauteur de l'eau.

Torricelli est le premier qui ait proposé une
théorie exacte, dans un cas particulier du
mouvement des eaux. En considérant que l'eau
au sortir d'un petit ajutage horizontal, s'élève,
du moins à peu près, à la hauteur du réservoir, il pensa que sa vitesse initiale ascension-
nelle devait être la même que celle d'un corps
grave qui serait tombé de la hauteur du réservoir : d'où il conclut conformément à la théorie de son maître, qu'abstraction faite du frot-
tement et de la résistance de l'air, les vitesses
des écoulemens suivaient la raison soudoublée
des pressions. Cette idée fut confirmée par des
expériences que Raphaël Magiotti fit dans ce
temps-là sur les produits de différens ajutages
sous différentes charges d'eau. Torricelli publia sa découverte en 1644, dans son livre *de
Motu gravium naturaliter accelerato* dont
nous avons déjà parlé. Alors l'Hydraulique,
dans cette partie relative aux écoulemens par
de petits orifices, devint une véritable science
dont la pratique a retiré les avantages les plus
importans. Mais dans les écoulemens par des

orifices un peu grands par rapport aux sections horizontales du vase, la vitesse suit une loi beaucoup plus composée, que la Géométrie au temps de Torricelli ne pouvait découvrir.

MARIOTTE, né en . . . . m. en 1684.

Parmi ceux qui mirent des premiers le théorème de Torricelli en usage, Mariotte mérite d'être cité avec distinction. Né avec un talent rare pour imaginer et exécuter des expériences, ayant eu occasion d'en faire un grand nombre sur le mouvement des eaux à Versailles, à Chantilli et dans plusieurs autres endroits, il composa sur cette matière un traité qui n'a été imprimé qu'après sa mort. Il s'y est trompé en quelques endroits ; il n'a fait qu'effleurer plusieurs questions ; il n'a pas connu l'effet de la contraction de la veine fluide au sortir d'un ajutage ; mais malgré ses imperfections, cet ouvrage a été fort utile, et a beaucoup contribué au progrès de l'Hydraulique pratique.

tourbillons de Descartes

Dans le temps où les découvertes de Galilée sur le mouvement commençaient à diriger de ce côté les études des savans, Descartes conçut la pensée d'expliquer par les lois de l'Hydrodynamique le mouvement général qui entraîne les planètes d'Occident en Orient. Les anciens regardaient le ciel planétaire comme composé d'orbes solides et mobiles dont chacun emportait la planète qui lui était attachée. On sent l'horrible confusion, ou plutôt l'impossibilité absolue de tous ces mouvemens, surtout dans le système de Ptolomée. Descartes transporta dans le ciel le mécanisme infiniment plus simple d'une barque flottante sur une rivière et emportée par le courant : il imagina que les planètes nageaient de même dans un vaste tourbillon qui tournait d'Occident en Orient, de telle manière néanmoins que dans le tourbillon général, il se trouvait pour chaque planète des courans particuliers qui coupaient l'écliptique sous différentes obliquités. Cette idée imposante au premier coup d'œil séduisit plusieurs illustres philosophes qui s'en déclarèrent publiquement les défenseurs. On était alors trop peu avancé dans la théorie du mouvement des corps solides et fluides pour entreprendre de la soumettre à un examen critique fondé sur cette théorie ; elle s'est même soutenue pendant long-temps contre les plus fortes objections ; enfin on a été forcé de l'abandonner comme aussi contraire aux lois de l'Astronomie qu'à celles de la Mécanique.

CHAPITRE V.

Progrès de l'Astronomie.

L'ASTRONOMIE a fait de grands progrès dans cette période. On y trouve plusieurs astronomes du premier ordre. A leur tête est le célèbre Copernic, dont les travaux commencèrent avec le seizième siècle; car quoiqu'il fût né en 1472, il ne put se livrer entièrement à son goût pour l'Astronomie que vers l'année 1507.

Il fut d'abord révolté des explications que Ptolomée avait données des mouvements de notre système planétaire : il y trouvait un embarras et une obscurité qu'il ne pouvait concilier avec la simplicité des lois ordinaires de la nature. Instruit que les pythagoriciens avaient transporté du soleil à la terre le mouvement de révolution dans l'écliptique, et que d'autres philosophes anciens avaient attribué à la terre un mouvement de rotation autour de son axe en vingt-quatre heures, pour expliquer la succession des jours et des nuits, il adopta ces deux idées. Il fit tourner autour du soleil, en cet ordre, Mercure, Vénus, la

Copernic, né en 1472, m. en 1543.

Système de Copernic.

terre, Mars, Jupiter et Saturne ; quant à la
lune, elle continua de tourner autour de la
terre. Alors les phénomènes célestes, les directions, les stations et les rétrogradations
des planètes vinrent s'expliquer avec une
facilité qui l'étonna lui-même. Il répondit
d'une manière victorieuse aux principales
objections qu'on pouvait lui opposer : celles
qui laissaient encore quelques nuages furent
levées dans la suite par les observations
mêmes, comme il l'avait prédit. Toute sa
doctrine est expliquée dans son fameux livre
de Revolutionibus cœlestibus, qui fut
composé vers l'an 1530, mais qui ne parut
qu'en 1543 : l'auteur mourut le jour même
qu'il en reçut un exemplaire entièrement
imprimé.

Le système de Copernic était si simple, si
satisfaisant, si conforme à toutes les lois de
la Mécanique et de la Physique, qu'il aurait
été d'abord adopté de tous les astronomes,
si un zèle religieux mal entendu n'avait cru
en trouver la condamnation dans quelques
passages de la Bible, comme si dans un livre
destiné à enseigner la religion, et non pas
l'Astronomie, on avait dû se conformer à la
vérité astronomique qui ne peut être entendue
que des savans, au lieu d'employer le langage

vulgaire qui est à la portée de tous les hommes. Nous regrettons que Tycho-Brahé ait sacrifié ses lumières, et peut-être sa conviction intime à des considérations superstitieuses ; mais pardonnons-lui cette erreur ou cette faiblesse en faveur des nombreuses observations et découvertes dont il a enrichi l'Astronomie.

Ne pouvant adopter en entier le système de Ptolomée, que tout condamnait, Tycho rendit du moins à la terre sa prétendue immobilité, et il faisait tourner autour d'elle, d'abord la lune, ensuite le soleil qui emportait dans sa sphère de révolution les autres planètes, Mercure, Vénus, Mars, Jupiter et Saturne. Il expliquait ainsi d'une manière qu'il croyait satisfaisante les apparences des mouvemens célestes alors connus ; mais il était trop éclairé d'ailleurs pour ne pas sentir que dans le fond son système choquait presqu'autant que celui de Ptolomée les lois de la Mécanique. Sa vraie gloire est d'avoir été un excellent observateur, et d'avoir jeté ou affermi les bases des nouvelles théories astronomiques, ou par ses propres travaux, ou par ceux des disciples et des coopérateurs qu'il s'était associés dans sa petite ville d'Uranibourg.

On sait que le mouvement de la lune est

sujet à un grand nombre d'inégalités. Il y en a quatre principales : savoir, *l'équation du centre*, *l'évection*, la *variation* et *l'équation annuelle*. Nous avons vu que la première a été découverte par Hipparque, la seconde par Ptolomée ; et nous avons expliqué en quoi elles consistent : Tycho a découvert les deux autres.

Variation.

La variation est une diminution et une augmentation alternatives de mouvemens, qui dépendent de la position de la lune par rapport aux sizigies, ou à la ligne qui joint les centres du soleil, de la terre et de la lune, lorsque ces trois astres sont en conjonction ou en opposition. Tycho observa qu'en partant, par exemple, du point de la conjonction, la vitesse de la lune se rallentissait jusqu'au premier quartier ; que depuis le premier quartier elle augmentait jusqu'à l'opposition ; qu'elle diminuait dans la troisième partie de la révolution, puis s'accélérait dans la quatrième ; ainsi de suite alternativement pour les autres cours.

Equation annuelle.

L'équation annuelle provient d'une inégalité qui se trouve dans la durée des mois lunaires, selon les différentes saisons de l'année. On remarque que les révolutions périodiques ne sont de la même durée que dans les mêmes saisons; mais que d'une saison à l'autre elles augmentent ou diminuent. Les plus longues ont lieu dans les mois de décembre et de janvier; les plus courtes, dans les mois de juin et de juillet. De-là résultent dans la théorie de la lune trois petites équations proportionnelles à l'équation du centre du soleil : l'une pour le mouvement de la lune dans son orbite, l'autre pour le mouvement de son apogée, et la troisième pour le mouvement des nœuds de l'orbite lunaire.

Autres inégalités dans le mouvement de la lune. Outre ces quatre inégalités principales qu'on a reconnues par le secours immédiat des observations, le mouvement de la lune est sujet à plusieurs autres petites inégalités que la théorie de la gravitation universelle a fait remarquer, et qu'on est obligé aujourd'hui d'introduire dans le calcul astronomique, lorsqu'on veut qu'il représente l'état du ciel avec toute l'exactitude à laquelle il est possible d'arriver.

Tycho perfectionna encore la théorie de la lune dans un autre élément essentiel : il détermina avec plus de soin et plus de précision qu'on ne l'avait fait la plus grande et la plus petite inclinaison de l'orbite lunaire par rapport au plan de l'écliptique. Il étendit la même recherche aux autres planètes.

Les anciens connaissaient en gros les effets de la réfraction : tout le monde pouvait observer que si l'on regarde le soleil lorsqu'il est à l'horizon, et ensuite lorsqu'il est au méridien, sa clarté est beaucoup moins vive dans le premier cas que dans le second : la raison en est que la terre étant environnée d'une atmosphère grossière, qui s'étend à une vingtaine de lieues au-dessus de sa surface, comme on le croit ordinairement, le rayon solaire venant de l'horizon traverse un plus grand espace dans l'atmosphère, et par conséquent éprouve une plus grande résistance, un plus grand affaiblissement, que le rayon venant du méridien. Cette différence aurait dû faire soupçonner aux anciens que la réfraction pouvait opérer quelque changement dans la position apparente des astres au-dessus de l'horizon : changement qui est en effet très-réel. Mais on ne voit pas que les anciens y aient eu égard. Tycho est le premier qui ait senti la nécessité d'introduire, et qui ait commencé à employer, cet élément important, dans le calcul astronomique. Mais comme les lois de la réfraction n'étaient pas encore connues de son temps, il n'a pu donner que des résultats généraux et un peu vagues.

On doit au même astronome les élémens de la théorie des comètes. L'opinion que les comètes ne sont que des météores, n'était pas encore détruite, malgré les judicieuses réflexions de Sénèque, que nous avons rapportées. Tycho acheva de démontrer que ces astres sont des corps solides, comme les planètes, et soumis aux mêmes mouvemens autour du soleil. Il observa un grand nombre de comètes auxquelles il reconnut ce caractère de ressemblance; ce qui devait naturellement faire disparaître les prérogatives merveilleuses qu'on leur attribuait. Mais son autorité et ses raisonnemens n'empêchèrent point qu'on ne regardât encore pendant longtemps les comètes comme les avant-coureurs de grands événemens : tant les erreurs, où il entre des superstitions religieuses, enchaînent fortement la malheureuse espèce humaine!

La grande étoile qui parut subitement, en 1572, dans la constellation de Cassiopée, attira l'attention de tous les astronomes, et Tycho nous a transmis l'histoire de ce merveilleux événement astronomique. On la vit pour la première fois et en même temps, le 7 novembre, à Wittemberg et à Ausbourg. Le mauvais temps empêcha Tycho de l'observer avant le 11 novembre; alors il la

trouva presqu'aussi éclatante que Vénus stationnaire. Elle resta ainsi pendant quelques
semaines; ensuite elle alla toujours en diminuant de grandeur par degrés. On la vit pendant dix-sept mois, au bout desquels, c'est-
à-dire au mois de mars 1574, elle disparut
totalement. Selon toutes les apparences, si on
avait eu le secours du télescope, elle aurait
été plus long-temps visible. Tycho observa
très-exactement les périodes de grandeur par
où elle passa pendant son apparition. Il suivit
avec la même attention les singuliers changemens de couleur qu'elle éprouva. D'abord elle
fut d'un blanc éclatant; ensuite elle devint
d'un jaune rougeâtre, comme Mars, Aldé-
baran, l'épaule droite d'Orion; elle passa à
un blanc plombé, comme celui de Saturne,
et elle resta ainsi jusqu'à sa disparition; elle
scintillait comme les étoiles ordinaires; etc.

On a vu en plusieurs autres occasions de
semblables phénomènes. Les anciens poëtes,
et Ovide en particulier, rapportent qu'une   Fast. l., iv.
étoile des Pléyades s'était obscurcie. Pline dit
qu'Hipparque entreprit le dénombrement des
étoiles, à l'occasion d'une nouvelle étoile qui
parut de son temps. Plus près de nous, aux
années 945 et 1264, on vit, dit-on, une
nouvelle étoile dans la même place du ciel.

En 1600, on remarqua pour la première fois une étoile placée dans la poitrine du Cygne, laquelle paraît et disparaît successivement ; elle était, en 1616, de la troisième grandeur ; elle diminua ensuite pendant quelques années, après quoi elle disparut. On la revit en 1655 ; elle disparut encore pour reparaître en 1665 ; etc. Il y a dans le cou de la Baleine une étoile qui change périodiquement de grandeur, et qui paraît et disparaît par intervalles réglés. Il serait inutile de rapporter ici un plus grand nombre de ces faits extraordinaires : j'indiquerai dans la suite les raisons que les astronomes modernes ont imaginées pour tâcher de les expliquer.

Au temps de Tycho florissaient plusieurs excellens astronomes parmi lesquels on distingue principalement Guillaume IV, landgrave de Hesse-Cassel, et Kepler. Je parlerai de l'un et de l'autre, après que j'aurai brièvement rendu compte de la réforme qui se fit dans le calendrier, en l'année 1582, sous le pontificat de Grégoire XIII.

Réforme du calendrier.

Il s'était introduit depuis long-temps une extrême confusion dans la méthode embarrassante et fautive que l'église avait adoptée pour fixer chaque année le jour de Pâques, sur lequel se règlent, comme on sait, toutes les autres fêtes mobiles. Les Juifs célébraient leur Pâque le quatorzième jour du *premier mois*, c'est-à-dire, du mois lunaire où ce quatorzième jour tombait au jour même de l'équinoxe du printemps, ou suivait cet équinoxe le plus prochainement. La primitive église ne fit de changement à ce système, si non que d'ordonner que la Pâque des chrétiens serait célébrée le jour du dimanche qui suivait le quatorzième jour. Lorsque ce quatorzième jour se trouvait un dimanche, quelques églises ne se faisaient pas scrupule de célébrer alors la Pâque; malgré la coïncidence du temps avec la Pâque juive; mais le concile, tenu à Nicée en 325, défendit cet usage, et ordonna que dans ces sortes de cas la Pâque chrétienne ne serait célébrée que le dimanche suivant. D'après cette disposition générale, il ne s'agissait plus que de fixer le jour de l'équinoxe, et l'âge de la lune par rapport au soleil.

L'équinoxe du printemps ayant eu lieu le 21 mars, en l'année 325, le concile de Nicée crut, ou supposa que le même phénomène devait toujours arriver dans la suite des temps, à pareil jour et à pareille heure. D'un autre côté, il statua qu'on réglerait l'âge de la lune d'après le cycle métonien; en sorte que toutes les années qui auraient le même nombre d'*or*,

ou qui seraient également éloignées du commencement de chaque période de dix - neuf
années solaires, devaient avoir leurs nouvelles lunes aux mêmes jours. Cependant les
pères du concile, quoique d'ailleurs fort ignorans, ayant eu quelques notions confuses de
l'imperfection du cycle métonien, chargèrent
le patriarche de l'église de la ville d'Alexandrie où florissait la célèbre école de Mathématiques, de vérifier les lunaisons pascales
par le calcul astronomique, et d'en communiquer les résultats au pontife de Rome, qui
annoncerait le jour précis de la Pâque à tout
le monde chrétien ; mais ce sage réglement fut
négligé.

Il y avait dans le système du calendrier
adopté par le concile de Nicée, deux petites
erreurs astronomiques dont les effets accu-
mulés dans une longue suite de siècles étaient
devenus très - considérables : l'une que la durée
de l'année solaire est de 365 jours 6 heures,
l'autre que 235 lunaisons composent juste 19
années solaires. La première supposition pèche
par excès d'environ onze minutes, et il en
était résulté que l'équinoxe du printemps qui
tombait au 21 mars en l'année 325, tombait
au 11 mars en l'année 1582 : la seconde pèche
par défaut, et vers le milieu du seizième

siècle les nouvelles lunes indiquées par le calendrier précédaient de quatre jours les véritables nouvelles lunes données par les observations.

On connaissait depuis long-temps les vices du calendrier, et on avait tâché plusieurs fois, mais toujours inutilement, de les corriger. Les grands progrès de l'Astronomie au seizième siècle firent espérer un plus heureux succès à Grégoire XIII, jaloux d'ailleurs d'illustrer son pontificat par une réforme éclatante et nécessaire, où ses prédécesseurs avaient échoué. En conséquence, il engagea solennellement tous les astronomes des pays chrétiens à proposer leurs vues sur les moyens de rectifier le calendrier, et de lui donner une forme exacte et permanente.

Cette invitation fit éclore une multitude de projets, parmi lesquels celui d'un astronome Véronais, nommé *Aloisius Lilius*, obtint la préférence, et fut consacré par une bulle donnée au mois de mars 1582. Il est un peu compliqué, et pour en prendre une parfaite connaissance, il faut recourir aux ouvrages qui en traitent expressément. Je me bornerai donc ici à quelques remarques générales.

On statua 1°. qu'en l'année 1582, on passerait immédiatement du 4 octobre au 15, ou

I.   22

qu'on réduirait ce mois à vingt jours seulement, afin qu'en l'année suivante 1583 l'équinoxe tombât au 21 mars. 2°. Pour empêcher à l'avenir le retour de l'anticipation des équinoxes, tant à cause des onze minutes surabondantes dans l'année julienne, que de la précession des équinoxes dont on commençait alors à connaître assez exactement la quantité, on régla que de quatre années séculaires qui devaient être bissextiles suivant le calendrier julien, il n'y en aurait à l'avenir qu'une seule qui fût telle, et que les trois autres seraient communes; qu'ainsi, par exemple, des quatre années séculaires 1600, 1700, 1800, 1900, la première seule serait bissextile. 3°. Par rapport à la lune dont le mouvement faisait ici la partie la plus embarrassante du problème, Lilius substitua aux nombres d'or du cycle métonien, les *épactes*, c'est-à-dire les nombres qui expriment l'âge de la lune au commencement de chaque année, ou l'excès de l'année solaire sur l'année lunaire. Cet arrangement qui permettait facilement d'ajouter, ou de soustraire certains jours, à des époques déterminées, avait l'avantage d'accorder les mouvemens de la lune et du soleil, mieux que ne faisait le cycle métonier pur. Les jours de l'année étaient précédés de lettres indicatives des petits calculs qu'il fallait faire pour trouver à chaque moment l'âge de la lune, et pour régler la fête de Pâques et les autres fêtes mobiles.

Ce nouveau calendrier fut reçu et adopté avec un applaudissement universel dans les pays catholiques. Il n'eut pas le même succès parmi les protestans qui gardèrent le calendrier julien, quant au mouvement du soleil, et qui employèrent d'ailleurs le calcul astronomique pour fixer la Pâque. Cependant comme la forme pratique du calendrier grégorien est à la portée de tout le monde, les protestans d'Allemagne ont fini par l'adopter en 1700; les Anglais ont fait la même chose en 1752. Il est également en usage chez les autres peuples du Nord, excepté chez les Russes.

Je n'ajouterai plus qu'un mot à ce sujet. La commodité d'un calendrier quelconque n'est pas une raison suffisante de le conserver ou de l'adopter : la condition essentielle est qu'il soit parfaitement exact. Or de quelque manière qu'on s'y prenne, on n'arrivera jamais à ce but. Heureusement les calendriers ordinaires sont fort inutiles, depuis que les plus célèbres académies de l'Europe ont commencé à publier des éphémérides, dont j'ai déjà eu occa-

22.

sion de faire connaître l'utilité, en parlant des anciens cycles.

Le landgrave de Hesse-Cassel, Guillaume IV, instruit de bonne heure dans l'Astronomie, en devint non-seulement le protecteur, mais il se livra lui-même à la pratique des observations avec un zèle et un succès qui eussent honoré un simple particulier. Il fit bâtir dans sa capitale un observatoire qu'il garnit des meilleurs instrumens alors connus. Parmi ses excellentes observations, on cite celles qu'il fit de la position de plusieurs étoiles, et des hauteurs solsticiales du soleil aux années 1585 et 1587.

On a donné à Tycho le surnom de grand observateur : par une raison semblable, on doit appeler Képler le créateur de la véritable Astronomie physique. Il s'est rendu célèbre par une multitude d'ouvrages dont l'extrait, ou même la simple énumération, nous mènerait trop loin. Je choisis parmi les monumens de son génie, la découverte qu'il fit des lois que les planètes suivent dans leurs mouvemens : découverte à laquelle il parvint, en combinant avec une profonde sagacité, ses propres observations avec celles de Tycho.

Les anciens faisaient tourner les planètes dans des cercles parfaits, dont ils supposèrent d'abord que la terre occupait le centre ; mais bientôt ils furent obligés d'éloigner plus ou moins la terre du centre de la circulation, afin de pouvoir rendre raison des changemens que l'on observait dans les diamètres des planètes, et d'où il fallait conclure que ces astres changeaient aussi de distances à la terre. Tycho, en laissant la terre immobile au centre du monde, avait du moins reconnu que Mercure, Vénus, Mars, Jupiter et Saturne tournaient autour du soleil, comme je l'ai dit. Les nombreuses observations qu'il avait faites en particulier sur les mouvemens de Mars, fournirent à Képler les moyens ne s'assurer, par d'immenses calculs, qu'on ne pouvait pas expliquer tous ces mouvemens par la supposition d'une orbite circulaire, en quelqu'endroit que l'on plaçât le soleil. Il essaya inutilement plusieurs autres orbites : enfin il trouva que l'ellipse ordinaire, en plaçant le soleil à l'un de ses foyers, satisfaisait aux résultats de ses calculs : premier pas vers la grande découverte que nous avons annoncée. Ensuite ayant déterminé les dimensions de l'ellipse de Mars, et comparant ensemble les temps qu'à partir de l'une des extrémités de la ligne des absides ou du grand axe de l'ellipse, cette planète employait à faire une révolution entière, et une partie quelconque de révolution, Képler trouva que ces deux temps étaient toujours entr'eux comme l'aire entière de l'ellipse et l'aire du secteur elliptique compris entre l'arc décrit par la planète et les deux rayons vecteurs menés au soleil. La même proportion fut vérifiée pour toutes les autres planètes. Dans la suite on reconnut qu'elle avait également lieu pour les mouvemens des satellites à l'égard de leurs planètes principales. Elle est donc devenue une base fondamentale de l'Astronomie physique. On l'appelle ordinairement *la première loi de Képler*, ou *la loi de la proportionnalité des aires aux temps*.

Cette importante découverte en amena une autre non moins remarquable. Képler soupçonnant qu'il existait un rapport entre les temps des révolutions des planètes et les dimensions de leurs ellipses, entreprit de le trouver : nouveaux calculs dont on se représentera toute l'étendue, si l'on songe que Képler opérait, pour ainsi dire, à tâtons ; mais il était conduit par le génie, et il réussit dans sa recherche. Le résultat de toutes ses combinaisons numériques fut que les quarrés des temps des révolutions entières de deux planètes étaient entre eux, comme les cubes des grands axes des deux ellipses que ces planètes décrivent, ou comme les cubes de leurs moyennes distances au soleil : autre proportion fondamentale, vérifiée pour toutes les planètes, et pour les satellites à l'égard de leurs planètes principales. On l'appelle *la seconde loi de Képler*, ou *la loi des temps relativement aux moyennes distances.*

Ceux qui voudront connaître la naissance et le progrès des idées de Képler sur cette matière, consulteront son ouvrage intitulé : *Astronomia nova..... cœlestis tradita cum commentariis de Motibus stellæ Martis* (1609). On y remarquera une imagination vive, féconde en ressources, et dans quelques endroits une espèce d'enthousiasme poétique excité par la grandeur et l'intérêt du sujet.

Quoique les deux lois de Képler forment la base de tous les calculs astronomiques du mouvement des planètes, nous verrons néanmoins dans la suite qu'il y faut apporter de légères modifications pour représenter les altérations qu'éprouve le 'mouvement elliptique d'une planète autour du soleil, ou d'un satellite autour de sa planète principale, par l'effet de la gravitation universelle et réciproque de tous les astres les uns sur les autres.

L'Astronomie fit de nouveaux progrès avec le secours du télescope, qui fut trouvé vers le commencement du dix-septième siècle, comme je le remarquerai plus expressément dans la suite : heureux supplément à l'imperfection de la vue simple, pour reconnaître les objets éloignés.

Galilée est un des premiers qui ait mis cet instrument en usage : il commença par observer attentivement la lune ; il vit à sa surface diverses inégalités, des parties saillantes, d'autres parties obscures et enfoncées ; il en conclut que cette planète était parsemée de montagnes, de lacs, de rivières, et qu'elle formait un corps opaque, semblable à la terre. Il découvrit dans toutes les parties du ciel un nombre immense de petites étoiles qui échappaient à la vue simple. On s'était fait une fausse idée des taches du soleil, en les regardant comme une espèce d'écume momentanée : il reconnut qu'elles étaient adhérentes au corps du soleil, paraissant et disparaissant en vertu d'un mouvement de rotation dont il est affecté. Copernic avait prédit qu'on trouverait un jour à Vénus des phases à peu près semblables à celles de la lune : Galilée vérifia la prédiction. Mais ce qui lui causa le plus d'étonnement et de plaisir, il découvrit par degrés que Jupiter est environné de quatre satellites qui tournent autour de cette planète, comme la lune tourne autour de la terre. Il les appela *les astres de Médicis* en reconnaissance des marques d'estime et de considération qu'il recevait de la maison de Médicis ; mais cette dénomination n'a pas fait fortune, et le simple nom de satellites de Jupiter a prévalu.

Le système de Copernic, déjà si vraisemblable, acquit par les observations et les raisonnemens de Galilée, une probabilité presque équivalente à une démonstration. La plupart des objections qu'on faisait contre ce système étaient assez frivoles : on disait, par exemple, que la terre ayant un satellite, qui est la lune, on ne devait pas supposer qu'elle fût elle-même un satellite, ou qu'elle tournât autour du soleil. Galilée répondit victorieusement que Jupiter avait quatre satellites, et que néanmoins il tournait autour du soleil, suivant les observations et les calculs de Tycho : il ajouta que la lune étant un corps semblable à la terre, il n'y avait aucune raison de penser que ces deux corps ne pouvaient pas avoir des mouvemens semblables dans les espaces célestes. Mais la probabilité la plus forte, et sur laquelle Galilée insistait le plus, en faveur du système de Copernic, était l'explication simple et naturelle

qu'il donne des stations, directions et rétrogradations des planètes, tandis qu'à cet égard le
système de Ptolomée et même celui de Tycho
présentent une complication de mouvemens
qu'il est comme impossible de concilier avec
les lois de la mécanique et de la saine physique.

Par toutes ces considérations, Galilée eut le
courage, dès l'année 1615, de professer ouvertement le système de Copernic. Mais ce
courage lui attira l'animadversion du *Saint-
Office*, et il fut obligé de se rétracter, pour
éviter la prison. Vingt ans après, croyant la
vérité plus mûre, il se déclara de nouveau,
quoique d'une manière un peu enveloppée,
pour ce système sans lequel il voyait clairement que l'Astronomie physique ne pouvait
subsister. L'inquisition qui l'épiait ne garda
plus de ménagement : Galilée fut obligé de
comparaître à son tribunal, et condamné à
passer le reste de ses jours dans un cachot : il
en sortit néanmoins un an après, mais à condition qu'il ne récidiverait plus, et qu'il ne
quitterait point le territoire de Florence où il
demeura en effet jusqu'à sa mort, sous la sur-
veillance de l'inquisition : trop fameux exemple
des crimes innombrables qu'un tribunal absurde et fanatique a commis contre la raison

humaine, et qu'il a enfin expiés de nos jours dans l'ignominie.

Malgré les inquisiteurs, malgré les passages de la Bible qu'on ne cessait d'opposer au mouvement de la terre, le système de Copernic faisait des progrès, et s'affermissait de jour en jour. Je ne dois cependant pas dissimuler qu'on avait proposé une difficulté à laquelle Copernic, ni même Galilée, ne purent répondre d'une manière péremptoire, mais dont ils prédirent qu'on trouverait un jour la parfaite solution : c'était qu'en supposant la terre parvenue successivement aux deux extrémités d'un même diamètre de son orbite, on devait trouver une parallaxe ou un changement de position aux étoiles ; ce qu'on ne remarquait pas. Les astronomes firent pendant plus d'un siècle les derniers efforts pour éclaircir ce doute ; les uns trouvèrent une très-petite parallaxe aux étoiles ; les autres n'en trouvèrent point ; d'autres enfin trouvèrent des mouvemens tout contraires à ceux qui devaient résulter de la parallaxe. La conclusion certaine de toutes ces incertitudes fut que les étoiles sont placées pour nous à des distances comme infinies par rapport au rayon de l'orbite terrestre, quoique ce rayon soit pourtant de trente-huit millions de lieues au moins. On verra dans la suite que la question a été parfaitement résolue avant le milieu du siècle passé ; de sorte qu'aujourd'hui le mouvement de la terre est appuyé sur des fondemens inébranlables.

L'Italie ne fut pas le seul pays où l'usage du télescope contribua au progrès de l'Astronomie. En 1631, notre philosophe Gassendi vit Mercure sur le soleil ; et c'est la première observation de ce genre. Horoccius, astronome anglais, fit une semblable observation pour Vénus en 1639. On sait que Jean-Baptiste Morin, long-temps professeur de Mathématiques au collége de France, a composé plusieurs ouvrages qui ne font pas honneur à sa mémoire ; mais en compensation, on ne doit pas oublier qu'il a indiqué le premier la manière de résoudre le fameux problème des longitudes par le moyen des observations astronomiques, et que pour faire ces observations avec plus d'exactitude, il proposa d'appliquer une lunette au quart de cercle : idée que l'on a attribuée mal à propos à des astronomes postérieurs. Hevelius est célèbre par des observations nombreuses et délicates sur les taches du soleil, sur le mouvement des comètes, etc. On lui doit aussi la première description exacte des taches de la lune. Riccioli, Jésuite, a laissé, à l'exemple

Gassendi, né en 1592, m. en 1655.

Horoccius, né en 1619, m. en 1641.

Morin, né en 1583, m. en 1635.

Hevelius, né en 1611, m. en 1688.

de Ptolomée, un grand ouvrage intitulé : *Almagestum novum*, dans lequel il a rassemblé toutes les théories astronomiques connues de son temps, avec ses propres observations et remarques. Il fut beaucoup aidé par Grimaldi son confrère. Indépendamment de ce travail, Grimaldi donna une sélénographie où les taches de la lune sont désignées par les noms des philosophes : nomenclature adoptée d'abord avec applaudissement et encore subsistante aujourd'hui, sauf les corrections que le temps a amenées. Mouton, chanoine de Lyon, détermina avec adresse et succès les diamètres apparens du soleil et de la lune par le moyen du télescope et du pendule simple : c'est à lui qu'on doit la première idée des méthodes d'interpolation, pour lier ensemble les observations d'un même objet, faites en différens temps. Il avait calculé une table des Logarithmes des sinus et tangentes de seconde en seconde, pour les quatre premiers degrés, laquelle a été imprimée dans l'édition de Gardiner, faite à Avignon en 1770, par Pézenas et Dumas, Jésuites.

Depuis la découverte des satellites de Jupiter, cette branche de l'Astronomie demeura comme stationnaire pendant plus de quarante ans, soit parce qu'elle demandait une extrême

RICCIOLI, né en 1598, m. en 1671.

GRIMALDI, né en 1619, m. en 1663.

MOUTON, né en 1618, m. en 1694.

attention de la part des observateurs, soit parce qu'on n'avait pas encore assez perfectionné le télescope. Galilée avait cru reconnaître deux satellites à Saturne, très-voisins de cette planète : ils parurent immobiles pendant trois ans, conservant toujours la même forme ; mais enfin on cessa tout à fait de les voir, et on pensa que Galilée avait été trompé par quelqu'illusion optique.

En 1615.

En 1655, Huguens étant parvenu à construire lui-même deux excellens télescopes, l'un de douze pieds de longueur, l'autre de vingt-quatre pieds, découvrit un satellite de Saturne, celui qu'on appelle aujourd'hui le quatrième. Il en détermina la distance à Saturne, la position de l'orbite, la durée de la révolution, etc. avec une clarté et une exactitude qui ne laissèrent aucun doute sur l'existence et le mouvement de ce nouvel astre. On était alors tellement imbu de l'opinion que le nombre des satellites ne pouvait pas surpasser celui des planètes principales, que Huguens, après avoir découvert ce satellite (ce qui donnait autant de satellites que de planètes principales) *, avança dans l'épître dédicatoire de

Satellite de Saturne.

---

* D'un côté, six planètes principales, savoir Mercure, Vénus, la Terre, Mars, Jupiter et Saturne ; de

son livre *Sistema saturnium* au grand duc de Toscane, que le nombre des satellites était complet, et qu'on ne devait plus espérer d'en voir de nouveaux à l'avenir. Pardonnons cette erreur métaphysique à un grand homme qui a enrichi les sciences exactes de tant d'immortelles découvertes. Peut-être même faut-il la rapporter à l'idée avantageuse qu'il avait de ses télescopes, qui lui ayant fait voir dans le ciel des phénomènes que personne n'avait remarqués, pouvait lui faire penser qu'aucun corps de notre monde planétaire ne lui avait échappé.

La découverte de ce satellite conduisit Huguens par degrés, comme il l'expose lui-même, à la connaissance de l'anneau qui environne Saturne. Plusieurs astronomes après Galilée avaient observé Saturne sous différentes formes irrégulières et variables, dont ils ne pouvaient rendre aucune raison satisfaisante. Huguens avec ses télescopes, reconnut et démontra que Saturne formait un corps rond, et qu'il était environné d'un anneau plat et circulaire qui en était détaché de toutes parts, et qui étant regardé obliquement de la terre, devait, sui-

Anneau de Saturne.

l'autre, six satellites, savoir la Lune, les quatre satellites de Jupiter et celui de Saturne.

vant les règles de l'Optique, paraître en forme
d'une ellipse plus ou moins ouverte selon que
notre œil est plus ou moins élevé au-dessus de
son plan, dont l'inclinaison à l'écliptique est
d'environ trente degrés. De-là suivait l'explication simple et naturelle de toutes les apparences de Saturne. L'anneau disparaît entièrement à nos yeux, lorsque son épaisseur n'est
pas suffisante pour nous envoyer une assez
grande quantité de rayons du soleil, pour être
aperçue. Huguens trouva que le demi-diamètre extérieur de l'anneau est au demi-diamètre du globe de Saturne, comme 9 est à 4,
et que sa largeur est égale à celle de l'espace
contenu entre le globe et sa circonférence in-
térieure. Ce système attaqué d'abord par l'envie ou l'ignorance est aujourd'hui une vérité
fondamentale dans l'Astronomie.

Il se forma dans ce temps-là deux grands
établissemens en faveur des sciences, la société
royale de Londres, et l'académie royale des
sciences de Paris. Ces deux illustres compa-
gnies ont produit dans tous les genres des
hommes du premier ordre. Elles furent d'abord
principalement utiles à l'Astronomie, qui a
besoin plus que toutes les autres sciences d'être
encouragée par les regards et les bienfaits des
princes.

Fondation de la société royale de Londres et de l'académie royale des sciences de Paris, en 1660 et 1666.

Un des premiers soins de Louis XIV, ou plutôt de son grand ministre Colbert, en fondant l'académie des sciences, fut non-seulement d'y introduire les savans nationaux, mais encore d'y attirer les étrangers les plus illustres et les plus capables de contribuer à la splendeur de l'établissement et au progrès des sciences. Parmi les premiers on remarque Claude Perrault, Mariotte, Pecquet, Auzout, Picart, Richer, etc. ; parmi les autres, Huguens, Jean-Dominique Cassini, Roemer, etc.

Jean-Dominique Cassini, qui avant de venir se fixer parmi nous, s'était déjà fait un grand nom dans les sciences par sa méridienne de sainte Pétrone à Bologne, par des tables du soleil et des satellites de Jupiter, et par d'autres travaux astronomiques, ou même par des opérations hydrauliques auxquelles les papes l'employèrent, eut toute liberté en France de se livrer à son génie et à son goût qui le portaient à l'Astronomie. Il y fit un grand nombre d'importantes découvertes. La plus brillante est celle de quatre nouveaux satellites de Saturne ; ce sont dans l'ordre des distances, le 1er, le 2e, le 3e et le 5e ; de sorte qu'avec le 4e découvert par Huguens, Saturne eut alors cinq satellites bien reconnus.

CASSINI, né en 1625, m. en 1712.

L'hypothèse du mouvement elliptique des

I.

23

planètes, que Képler avait proposée, n'avait
pas été parfaitement comprise par tous les astronomes. Cassini la combattit, sur une supposition destituée de fondement. Il croyait que
Képler en plaçant le soleil à l'un des foyers de
l'ellipse ordinaire, faisait de l'autre foyer le
centre des moyens mouvemens, ou le sommet
des aires proportionnelles aux temps; ce qui
donnait des résultats peu conformes aux observations. Pour corriger ce défaut, Cassini substituait à l'ellipse ordinaire une autre courbe
qu'il appela aussi une *ellipse*, dans laquelle
le *produit* des deux lignes menées de deux
points fixes à un même point de la courbe,
forme partout une quantité constante, au lieu
que dans l'ellipse ordinaire c'est la *somme*
des deux lignes menées des deux foyers, qui
est une quantité constante. Mais Képler n'est
pas tombé réellement dans l'erreur que Cassini
lui attribue : il place le centre des moyens mouvemens au foyer même que le soleil occupe;
et alors toutes les observations s'expliquent
très - bien. La courbe de Cassini n'a pas le
même avantage; et d'ailleurs quand les deux
foyers sont fort éloignés l'un de l'autre, elle a un
cours qu'il est physiquement impossible qu'une
planète puisse suivre.

Auzout fut un excellent observateur ; il

avait une parfaite connaissance des instrumens astronomiques ; il perfectionna et étendit l'usage du micromètre, dont la première invention est due à Huguens. On assure qu'en présentant à Louis XIV les observations qu'il avait faites de la comète de 1664, il fit naître la première idée de construire un observatoire et de le garnir d'instrumens. L'observatoire de Paris, commencé en 1667, fut achevé en 1672, six ans après la fondation de l'académie des sciences. L'Angleterre suivit de près cet exemple ; l'observatoire de Greenwich fut établi en 1673.

AUZOUT,
né en 16..,
m. en 1691.

Il y a des sciences spéculatives, comme la Géométrie, l'Analise, la Mécanique rationnelle, etc., où l'on ne peut faire de grands progrès que dans une vie sédentaire, la méditation, le silence et la retraite du cabinet : il en est d'autres où il faut passer des études théoriques aux applications pratiques, faire des expériences, parcourir différens pays : telles sont la Physique, l'Histoire naturelle, et principalement l'Astronomie, qui demande souvent des observations comparatives faites en divers lieux très-éloignés les uns des autres.

L'abbé Picart, distingué par sa dextérité à bien choisir et à bien manier les instrumens

PICART,
né en 16..,
m. en 1682.

23.

propres aux observations, exécuta plusieurs
travaux utiles, entr'autres le projet souvent
tenté de mesurer la terre, avec une précision
sur laquelle la Géographie et la Navigation
pussent établir des bases certaines : car les
mesures des Grecs et des Arabes, et même
celles de quelques philosophes modernes,
n'avaient pas ce caractère, ou du moins ne
présentaient aucun garant de leur exactitude.
Il mesura l'arc céleste compris entre Amiens
en Picardie, et Malvoisine dans les confins
du Gâtinois et du Hurepoix ; ensuite par la
comparaison de cette mesure avec celle de
l'arc terrestre correspondant, déterminé au
moyen d'une suite de triangles qui se liaient
les uns aux autres, et dont le premier était
établi sur une base connue, il conclut que
la longueur du degré terrestre était de 57060
toises à peu de chose près ; d'où résultaient
20541600 toises pour la longueur entière d'un
grand cercle du globe terrestre.

RICHER,
né en 16..,
m. en 1696.

En 1672, Richer fut envoyé à Cayenne, qui
est à cinq degrés de l'équateur, pour y faire
diverses observations astronomiques. Il était
chargé spécialement d'observer la planète de
Mars, que Picart, alors en Danemarck, Cassini et Roemer en Provence, observaient en
même temps de leur côté, afin de pouvoir

conclure de la comparaison réciproque de toutes ces observations faites en des endroits si éloignés, la parallaxe de cette planète, dont tous les astronomes étaient occupés, espérant en tirer de grandes lumières sur la théorie des parallaxes. Aussitôt que Richer voulut commencer ses observations, il en fit une autre qu'on n'avait pas prévue, et beaucoup plus importante que toutes celles qu'on s'était proposées. Il avait emporté avec lui, pour mesurer le temps, un pendule qui battait exactement les secondes à Paris. Lorsqu'il en voulut faire usage à Cayenne, il trouva que ce pendule oscillait trop lentement: pour lui faire battre exactement les secondes, il fallut le raccourcir d'environ une ligne et un quart. Cette observation singulière ayant été envoyée à Paris, Huguens en trouva aussitôt la raison physique : c'était qu'en vertu du mouvement de rotation de la terre autour de son axe, la force centrifuge vers l'équateur était plus grande que sous le parallèle de Paris, et que par conséquent elle devait plus diminuer la pesanteur naturelle et primitive, dans le premier lieu, que dans le second. D'où il suivait, par une conséquence ultérieure fondée sur la théorie du mouvement des pendules, que le pendule battant les secondes à Cayenne, devait être

Premières vues sur la figure de la terre.

plus court que le pendule battant les secondes
à Paris. Huguens donna de plus un calcul de
l'applatissement progressif de la terre en allant de l'équateur vers les pôles. Quelques années après, Newton trouva aussi un applatissement dans le même sens, mais un peu plus
grand que celui de Huguens, parce que ces
deux illustres géomètres partaient de suppositions un peu différentes sur la nature de la
gravité primitive : Huguens la regardait
comme constante et dirigée au centre; Newton, comme le résultat de toutes les attractions réciproques des molécules du globe
terrestre, et laissant le centre un peu de côté.
On voit que dans ce grand problème l'expérience a devancé et éclairé la théorie, et que
la France a eu la gloire de fournir les données
qui devaient servir à le résoudre. Nous verrons dans la suite les opérations immenses et
dispendieuses qu'elle a faites encore, pour déterminer les véritables dimensions du globe
terrestre.

Nous pouvons compter aussi au nombre de
nos découvertes astronomiques, celle de la
propagation de la lumière qui se fit vers le
même temps. Roemer, auteur de cette découverte, était à la vérité Danois de naissance;
mais il était alors fixé en France par les bien-

Propagation
successive de
la lumière.

ROEMER,
né en 1644,
m. en 1710.

faits de Louis XIV, et l'un de nos premiers académiciens des sciences. Depuis que l'on connaissait les satellites de Jupiter, on s'était appliqué avec soin à déterminer leurs mouvemens, et Dominique Cassini était parvenu à construire des tables qui représentaient avec exactitude leurs révolutions et leurs éclipses causées par l'ombre de Jupiter. Cependant Roemer, qui observait assidûment le premier satellite, s'aperçut que dans les éclipses il sortait de l'ombre en certains temps quelques minutes plus tard, et en d'autres quelques minutes plutôt, qu'il n'aurait dû faire suivant les tables. De plus, en comparant ces temps les uns avec les autres, il reconnut que le satellite sortait plus tard de l'ombre lorsque la terre par son mouvement annuel s'éloignait de Jupiter, et plutôt quand elle s'en approchait. De-là il forma cette conjecture ingénieuse, bientôt convertie en démonstration, que le mouvement de la lumière n'est pas instantané comme Descartes l'avait pensé, et comme on le croyait encore alors, mais qu'elle emploie un certain temps pour arriver du corps lumineux à l'œil de l'observateur. Suivant ses premiers calculs, elle devait employer environ onze minutes à parcourir le rayon de l'orbite terrestre : il trouva depuis que la vitesse des atômes lumineux était un peu plus grande. Aucun phénomène n'est plus remarquable que celui-ci dans la physique céleste, ni plus essentiel comme élément dans les théories astronomiques : il assure l'immortalité au nom de Roemer.

L'Angleterre a produit dans tous les temps des astronomes du premier ordre. Ici nous remarquons entr'autres Hook, Flamsteed et Halley.

Hook,
né en 1635,
m. en 1702.

Hook n'a pas été seulement un grand observateur dans toutes les parties de l'Astronomie : on lui doit encore la première idée un peu développée du système de la gravitation universelle. Il fait les trois suppositions suivantes : 1°. Tous les corps célestes ont non-seulement une attraction ou une gravitation sur leur propre centre, mais ils s'attirent mutuellement les uns les autres dans leur sphère d'activité. 2°. Tous les corps qui ont un mouvement simple et direct continueraient à se mouvoir en ligne droite, si quelque force ne les en détournait sans cesse, et ne les contraignait de décrire un cercle, une ellipse, ou quelqu'autre courbe plus composée. 3°. L'attraction est d'autant plus puissante, que le corps attirant est plus voisin. Toutes ces bases entrent dans le système de Newton ; mais ce qui caractérise la découverte de ce dernier, c'est la loi de l'attraction, qu'il a trouvée, et que Hook n'avait point connue.

Aussitôt que l'observatoire de Greenwich eut été établi, Flamsteed, à qui Charles II en donna la présidence, commença à y faire cette nombreuse suite d'observations, de tous les genres, rapportées dans son *Histoire céleste* et dans les *Transactions philosophiques* de la société royale de Londres. Il s'est principalement rendu utile à l'Astronomie par des prolégomènes sur l'histoire de cette science, et par un catalogue des étoiles fixes, visibles dans nos climats, plus complet qu'aucun de ceux que l'on connaissait.

Halley, profond dans la Géométrie, mais entraîné par un goût dominant pour l'Astronomie, enrichit cette dernière science d'un très-grand nombre d'observations et de recherches d'autant plus précieuses et plus exactes qu'elles étaient toujours dirigées par la première. Presque à son entrée dans la carrière, il entreprit un long voyage pour faire le dénombrement des étoiles australes. Comme les anciens ne connaissaient guère que la partie boréale de la terre, et que ceux des modernes qui avaient pénétré dans la partie australe y avaient été attirés par d'autres intérêts que

FLAMSTED, né en 1646, m. en 1720.

HALLEY, né en 1656, m. en 1742.

ceux de l'Astronomie, les étoiles du sud, et
surtout celles qui avoisinent le pôle demeu-
raient, ou tout à fait inconnues, ou mal placées sur les globes célestes. Pour remplir ce
vide, cette partie nulle, ou incomplète dans les
catalogues de Ptolomée et de Tycho, et pour
faire des observations correspondantes à celles
de Hevelius et de Flamsteed en Europe,
Halley se rendit en 1676 à l'île Sainte-Hélène,
la plus méridionale des possessions anglaises,
située sous le seizième degré de latitude australe, et il y exécuta pleinement son projet.
Le catalogue des étoiles australes, dressé
d'après ses observations, comprend la description d'un continent considérable dans le
vaste pays de l'Astronomie. Halley rapporta
encore plusieurs autres observations de son
voyage, et en particulier celle du passage
de Mercure sur le disque du soleil, qui arriva
le 3 novembre 1677. C'était le quatrième de
ces phénomènes que l'on eût vu depuis l'invention des lunettes, car auparavant il n'en
était pas question.

Halley était en connaissance, soit person-
nellement, soit par lettres, avec tous les astronomes de l'Europe. En 1679, il alla visiter
Hevélius à Dantzick ; l'année suivante il voulut voir la France et l'Italie. Etant à moitié

chemin de Calais à Paris, il aperçut pour la première fois la fameuse comète de 1680, si terrible aux yeux du vulgaire par son éclat et sa grandeur. Elle lui fit naître la pensée d'écrire un petit traité sur les comètes, dont je parlerai en son lieu.

J'ajouterai en passant que cette même comète produisit le fameux ouvrage de Bayle, intitulé : *Pensées sur la comète ;* ouvrage dans lequel ce grand philosophe combat avec toutes les forces de la dialectique et de la raison les erreurs superstitieuses qui existaient encore alors sur les causes et les effets de l'apparition des comètes.

A chaque pas que fait une science, les arts accessoires, surtout ceux qui sont utiles à la société, prennent des accroissemens proportionnés. La Navigation et la Gnomonique ne pouvaient donc manquer d'éprouver l'heureuse influence du mouvement général qui se faisait dans l'Astronomie.

Progrès de la Navigation et de la Gnomonique.

En bornant toujours l'usage des cartes plates à représenter de petites étendues de terrein, on pouvait éviter l'inconvénient qu'elles ont d'exprimer, par des lignes égales, les degrés des deux cercles parallèles qui terminent la carte nord et sud, et donner la proportion convenable aux expressions de ces degrés.

Navigation.

Gérard Mercator, géographe des Pays-Bas, en fit la remarque, qui est d'ailleurs fort simple et fort élémentaire. Edouard Wright, le même dont il reste des observations astronomiques parmi celles de Horoccius, développa l'idée de Mercator, ou plutôt envisagea la question sous un nouveau point de vue. Ayant remarqué que le rayon d'un parallèle en allant de l'équateur au pôle, diminue en même raison qu'augmente la sécante de la latitude, il proposa de construire des cartes d'après ce principe. On les appela *cartes réduites*. L'invention en est très-ingénieuse : elles s'introduisirent dans la marine vers l'année 1630. On a calculé depuis des tables pour en perfectionner la théorie et la pratique. La *Loxodromie* ou la route que suit le vaisseau sur la surface du globe par un même rumb de vent, est une courbe à double courbure : sur la carte réduite, elle est une courbe ordinaire dont la longueur est d'autant plus facile à calculer, que dans la pratique le problème se simplifie encore. Jamais le vaisseau ne suit une même loxodromie pendant une longue navigation : car toutes les mers sont interrompues par des îles, ou par des continens; et d'ailleurs on change souvent de direction, soit pour chercher des vents favorables, soit pour éviter des écueils, etc. La route entière du vaisseau est donc composée de plusieurs parties de loxodromies différentes; et chacune de ces parties considérée séparément, peut se confondre dans la plupart des cas, sans erreur sensible, avec la simple ligne droite. La Navigation tira un nouveau secours de l'Astronomie, en s'appropriant l'usage de plusieurs instrumens pour diriger la route du vaisseau d'après l'inspection des astres; mais on sent qu'à cause de la mobilité continuelle du vaisseau, les observations en mer ont dû être pendant long-temps fort imparfaites.

Nous avons vu que les anciens s'étaient fort occupés de la construction des cadrans, et qu'ils en traçaient de toutes les espèces, sur toutes sortes de surfaces, planes, cylindriques, coniques, sphériques, etc. Vitruve, qui est entré dans de grands détails à ce sujet, n'a pas expliqué, du moins avec la méthode et la clarté nécessaires, la théorie de la Gnomonique. On ne commence à trouver cette théorie suffisamment développée que dans les auteurs du seizième siècle. On croit que Munster et Oronce Finé sont les premiers qui en aient publié des traités. Maurolic écrivit sur la même matière un ouvrage estimé, où la pratique est réunie à la théorie. On cite aussi, avec beaucoup

Gnomonique.

MUNSTER, né en 1489, m. en 1552.

ORONCE FINÉ, né en 1494, m. en 1555.

d'éloges, le traité de Gnomonique que le
P. Clavius, Jésuite, publia en 1581. On a
depuis tant écrit de semblables ouvrages,
que l'énumération en serait aussi fastidieuse
qu'inutile.

CHAPITRE VI.

Progrès de l'Optique.*

QUELQUES écrivains qui n'ont jamais rien inventé, mais qui trouvent tout après coup dans les anciens, rapportent à cette source les principales découvertes des modernes dans l'Optique et la construction des instrumens qui en dépendent. On veut bien croire qu'en cela ils parlent de bonne foi, et non par un sentiment semblable à cette basse envie qui exalte toujours les morts aux dépens des vivans. Mais ici leurs efforts sont inutiles. On voit par le plus ancien livre, qui existe sur l'Optique, et que l'on attribue ordinairement à Euclide, que les anciens n'avaient dans cette partie des Mathématiques, que des notions

---

* Sous le nom général d'Optique, l'on comprend, comme on sait, l'Optique proprement dite, ou la science de la lumière directe ; la Catoptrique ou la science de la lumière réfléchie ; et la Dioptrique ou la science de la lumière brisée.

générales et vagues, dont quelques-unes
même étaient fausses. Par exemple, ils savaient que la lumière se propage en ligne
droite, lorsqu'elle ne rencontre aucun obstacle dans son chemin; et qu'en tombant sur
une surface plane bien polie, elle se réfléchissait sous un angle égal à celui d'incidence:
mais ils ignoraient la loi suivant laquelle un
corps opaque est éclairé, selon qu'il est plus
ou moins proche du corps lumineux ; ils se
trompaient en faisant dépendre la grandeur
apparente des objets uniquement de l'angle
sous lequel ils sont vus; ils se trompaient en
disant que le lieu de l'image formée par des
rayons réfléchis est placé à leur intersection
avec la perpendiculaire menée de l'objet à la
surface réfléchissante ; enfin, au temps même
de Ptolomée, ils ne connaissaient que les phénomènes généraux de la réfraction de la lumière : ils ne se doutaient pas que lorsqu'un
rayon passe d'un milieu dans un autre, il
existe une dépendance, soumise à une loi
constante, entre les deux directions de ce
rayon. Il est certain que l'Optique n'a commencé à prendre du mouvement et à former
un véritable corps de science qu'aux environs
de la fin du quinzième siècle.

Un des premiers qui ait préparé ou imprimé

ce mouvement, est le célèbre Jean - Baptiste Porta, gentilhomme napolitain, inventeur de la chambre obscure. Dans son ouvrage intitulé : *Magia naturalis*, il dit qu'en faisant un petit trou à la fenêtre d'une chambre fermée d'ailleurs exactement de tous côtés, on verrait que les objets extérieurs viennent se peindre sur la muraille, ou sur un carton, avec leurs couleurs naturelles ; il ajouta qu'en plaçant à l'ouverture une petite lentille convexe, les objets paraîtraient distincts, au point d'être reconnaissables au premier coup d'œil. De ces assertions vérifiées par l'expérience, il n'y avait plus qu'un pas à faire pour arriver à l'explication du mécanisme de la vision : Porta ne le fit pas tout entier ; il remarqua seulement qu'on pouvait regarder le fond de l'œil comme une chambre obscure, sans donner aucun développement, aucune suite à cette idée vraie et heureuse.

Maurolic traita la théorie générale de l'Optique dans deux ouvrages, l'un intitulé : *Theoremata lucis et umbræ;* l'autre, *Diaphanorum partes seu libri tres.* Ces ouvrages contiennent plusieurs recherches curieuses sur la mesure et la comparaison des effets de la lumière, sur les différens degrés de clarté qu'un objet opaque reçoit du corps lumineux, selon qu'il en est

PORTA, né en 1445, m. en 1515.

I.   24

plus ou moins éloigné, etc. Si Maurolic n'a pas toujours rencontré la vérité, il a donné du moins des indications qui ont dirigé ses successeurs, et leur ont épargné des fausses tentatives. Il a très - bien expliqué un phénomène fort connu, sur lequel les anciens et en particulier Aristote n'avaient débité que des rêveries : c'est que les rayons du soleil passant par un petit trou de forme quelconque, par exemple de forme triangulaire, vont toujours former sur un carton parallèle au trou, et un peu éloigné, un cercle lumineux. Maurolic observa d'abord que lorsque le carton est placé tout près de l'ouverture, cette ouverture doit s'y peindre sous une figure semblable à elle - même; mais qu'en éloignant le carton, la similitude disparaît peu à peu, et l'image finit par devenir circulaire. En effet, chaque point de l'ouverture pouvant être considéré comme le sommet commun de deux cônes opposés, dont l'un a pour base le soleil, l'autre un cercle lumineux jeté sur le carton, par le croisement des rayons au sommet; il y a un nombre infini de ces cônes, puisque le nombre des points de l'ouverture est infini. Or les cercles qui forment sur le carton les bases des cônes de la seconde espèce, se couvrent en partie les uns les autres, laissant vers la circonférence des échancrures qui vont toujours en diminuant, à mesure qu'on éloigne le carton du trou; de sorte qu'enfin elles deviennent insensibles, et que le contour de l'image sur le carton paraît former une circonférence continue. Tout cela est conforme à l'expérience. On doit encore à Maurolic quelques remarques justes, quoique peu approfondies, sur la théorie de l'arc-en-ciel et sur celle de la vision.

Celui qui dans ce temps-là approcha le plus de la véritable explication de l'arc-en-ciel, est Antonio de Dominis, archevêque de Spalatro. Tout le monde sait que ce phéomène ne se manifeste que lorsqu'il pleut, pendant que le soleil brille, et que de plus le spectateur se trouve dans une certaine position à l'égard du soleil et de la pluie. On avait comparé les gouttes de pluie à de petites sphères de verre, et on avait cru que ces sphères renvoyaient par la réflexion les rayons solaires vers l'œil du spectateur; mais cela n'expliquait point les couleurs de l'arc-en-ciel, car les rayons de lumière ne se séparent les uns des autres que par la réfraction. Antonio de Dominis employa tout à la fois la réflexion et la réfraction, et parvint à rendre assez exactement raison de la partie supérieure de l'arc-

De Dominis, né en 1561, m. en 1625.

24.

en - ciel ; il fut moins heureux par rapport à la
partie inférieure. Il expose ses idées sur ce
sujet dans un ouvrage intitulé : *De Radiis
visus et lucis* , publié en 1611. En lisant cet
ouvrage, on reconnaît que l'auteur avait un
vrai talent pour les sciences , et on regrette
qu'il n'en ait pas fait sa seule étude. Quelques
opinions théologiques un peu trop hardies ,
qu'il eut l'imprudence de mettre au jour , lui
suscitèrent une persécution à laquelle il ne put
échapper qu'en se réfugiant en Angleterre , en
l'année 1616. Sans adopter entièrement les
principes de la réforme , il se rendit très - utile
et très - agréable à Jacques Ier , roi d'Angleterre, en combattant plusieurs prétentions des
papes. C'est à lui qu'on doit la première édition de l'histoire du Concile de Trente, par
Fra Paolo, qu'il fit imprimer à Londres en 1617.
Bientôt après , il publia son grand ouvrage *de
la République ecclésiastique :* nouveau pré-
texte pour les ultra - montains de le calomnier
avec fureur ; avertissement pour lui de se tenir
en garde. Cependant , selon quelques historiens , les remords de sa conscience , selon
d'autres , les altercations d'intérêt qu'il eut
avec les protestans, lui firent naître le dessein
d'abandonner l'Angleterre , et de retourner
en Italie , où le pape Grégoire XV, qui

estimait ses talens, lui promit qu'il trouverait
toute sûreté et même toutes sortes d'agrémens.
Dans cette vue, il commença par abjurer
publiquement, dans une église de Londres,
ses opinions qui avaient choqué la cour de
Rome ; ensuite il se rendit en Italie. Il resta
tranquille à Rome pendant deux années environ. Malheureusement il fournit encore à la
rage de ses ennemis, qui veillaient sur lui,
une occasion de le perdre. Il fut enfermé, par
ordre du pape Urbain VIII, dans les prisons
du château Saint-Ange, où il mourut de poison
au bout de quelques jours, selon l'opinion
commune. L'inquisition fit déterrer et brûler
son cadavre avec ses écrits.

An 16...

An 1635.

La comparaison que Porta avait faite de
l'œil avec la chambre obscure, était très-
juste, et c'est en la suivant que Képler expliqua, d'une manière précise, la nature de la
vision. On s'en fait d'abord une idée générale
en regardant la prunelle de l'œil, comme le
trou de la chambre obscure, le cristallin
comme la lentille convexe appliquée à ce trou,
et la rétine comme le carton sur lequel les
objets viennent se peindre ; mais quand on
passe au détail des moyens par lesquels ce
mécanisme s'opère, il y a plusieurs élémens
à combiner. Les rayons émanés du corps

**

lumineux tombent d'abord sur la cornée, en
pénètrent l'humeur aqueuse où ils éprouvent
une réfraction qui commence à les faire con-
verger ; de-là ils entrent par l'ouverture de la
prunelle, et vont traverser le cristallin dont
la forme lenticulaire augmente leur conver-
gence ; du cristallin ils passent dans l'humeur
vitrée : nouvelle réfraction, nouvelle conver-
gence. Enfin, après toutes ces réfractions, ils
se réunissent en un même point de la rétine
où ils frappent le nerf optique, et par-là
excitent la sensation de la vision. Képler dé-
brouilla et fit connaître la route des rayons.
Une difficulté l'embarrassa long-temps : c'était
de savoir pourquoi les objets se peignant au
fond de l'œil dans une situation renversée,
paraissent néanmoins dans leur position naturelle. Il en trouva des raisons plausibles. L'explication la plus naturelle qu'on en puisse
donner, est que l'impression produite par le
rayon émané d'un point de l'objet doit être
rapportée directement dans le sens opposé, et
que par conséquent on doit voir en haut les
parties supérieures, et en bas les parties inférieures. Il en est du rayon comme d'un
bâton qui, étant poussé suivant sa longueur,
est repercuté dans le sens contraire.

Descartes explique dans ses Météores et sa

Dioptrique l'arc-en-ciel, et la nature de la vision, suivant les principes d'Antonio de Dominis et de Képler, sans les citer ni l'un ni l'autre : omission d'autant plus condamnable, qu'il était d'ailleurs assez riche de son propre fonds. On l'a excusé envers Antonio de Dominis, parce qu'il a rectifié son explication quant à la partie inférieure de l'arc-en-ciel. Cela peut diminuer, mais non effacer entièrement son injustice.

La connaissance des lois de la réfraction de la lumière est postérieure de quelques années au livre d'Antonio de Dominis. Selon Huguens, on la doit à Snellius. En plongeant obliquement dans l'eau une partie d'un bâton droit, on voyait que le bâton paraît se briser à la surface de l'eau, et que la partie plongée paraît s'approcher de la ligne verticale menée par le point d'entrée. De-là Snellius conclut d'abord en général qu'un rayon de lumière passant d'un milieu dans un autre plus dense, devait s'approcher de la perpendiculaire à la surface de séparation ; et qu'au contraire, en passant du milieu dense dans le milieu rare, il devait s'éloigner de cette perpendiculaire. L'expérience confirma ces remarques. Mais le point capital de la question était de découvrir la dépendance réciproque des angles que le rayon incident et le rayon rompu forment avec la verticale. Snellius y parvint par une suite nombreuse d'expériences délicates. Il trouva qu'en prolongeant de part et d'autre du point d'entrée le rayon incident et le rayon rompu, et menant une ligne verticale quelconque, les parties des deux rayons, comprises entre le point d'entrée et cette ligne verticale, conservent toujours entr'elles un rapport constant, pour toutes sortes d'obliquités. Seulement ce rapport n'est pas le même pour deux autres milieux; il suit en général la raison réciproque des densités des deux milieux. Snellius ne s'aperçut pas que sa proposition revenait à dire en d'autres termes, que lorsqu'un rayon de lumière passe d'un milieu dans un autre, les sinus des angles qu'il forme dans les deux milieux avec la ligne verticale, demeurent toujours entr'eux dans un rapport constant. Telle est la loi fondamentale de la réfraction de la lumière. L'ouvrage de Snellius, qui la contenait, ne fut pas imprimé. En 1637, Descartes la publia dans sa *Dioptrique*, sous le second énoncé, sans citer Snellius; et quelques géomètres français l'en crurent l'inventeur. Mais Huguens assure que Descartes avait vu en Hollande les manuscrits de Snellius. Si cela est, voilà encore un

Hug. tom. IV, pag. 2.

procédé qui ne fait pas honneur à la mémoire du philosophe français.

Lorsqu'après avoir trouvé les lois de la réfraction de la lumière, on voulut les expliquer, on fut fort embarrassé, car elles sont entièrement contraires à celles des corps solides. Par exemple, une balle de mousquet, ou en général un corps solide quelconque, allant frapper obliquement la surface d'une eau tranquille, s'y enfonce en s'éloignant de la ligne verticale, tandis qu'au contraire, en pareille circonstance, le rayon de lumière s'en approche. Or le premier effet est très-naturel et facile à comprendre; car la balle, en passant de l'air dans l'eau qui a plus de densité, doit éprouver plus de résistance, et par conséquent elle doit être repoussée un peu vers la surface de l'eau, ou s'éloigner de la ligne verticale menée par le point d'entrée. Mais pourquoi n'en est-il pas de même du rayon de lumière?

Les lois de la réfraction de la lumière ne sont pas les mêmes que celles de la réfraction des corps solides.

Pour rendre raison de cette différence, Descartes mit en avant cet étrange paradoxe, qu'un rayon de lumière trouve moins de difficulté à traverser un milieu dense qu'un milieu rare. Les corrections et les annotations de ses sectateurs, aboutissent toutes dans le fond au même résultat.

Fermat combattit la proposition de Descartes par des considérations qui, sans être absolument péremptoires, la rendaient au moins fort douteuse; il essaya de résoudre lui-même la question par une autre voie. Les anciens avaient supposé qu'un rayon de lumière, mu toujours dans un même lieu, étant obligé de frapper un plan poli et inébranlable, pour aller d'un point donné à un autre point donné, se réfléchissait sous un angle égal à celui d'incidence; ce qui rendait le chemin total un *minimum*. Fermat pensa que pour la réfraction, le rayon passant d'un milieu dans un autre, devait faire le chemin total dans un *minimum* de temps; et par-là il trouva qu'en effet d'un milieu rare à un milieu dense, le rayon devait s'approcher de la perpendiculaire : et réciproquement. Mais les physiciens peu contens de ce détour qu'ils regardaient comme un simple jeu de Géométrie, demandaient pourquoi Fermat faisait dépendre la réflexion et la réfraction de la lumière de principes différens ?

Cette uniformité d'explications qu'on désirait fut l'objet d'un écrit très-ingénieux que Leibnitz publia dans les actes de Leipsick sous ce titre : *Unicum Opticæ, Catoptricæ et Dioptricæ principium.* La supposition sur

An 1682.

laquelle est appuyé ce principe unique, est qu'un rayon de lumière allant d'un point donné à un autre point donné, ou directement, ou par réflexion, ou par réfraction, doit dans tous les cas suivre le chemin le plus facile. Reste à déterminer la facilité du chemin dans les trois cas proposés.

Lorsque le mouvement est direct, ou se fait dans le même milieu, il est évident que le chemin le plus facile est le chemin le plus court, ou la simple ligne droite menée d'un point à l'autre. Dans le mouvement réfléchi, le chemin le plus facile est encore le chemin le plus court, ou la somme des deux lignes menées du point de réflexion aux deux points donnés ; d'où il résulte que l'angle de réflexion doit être égal à l'angle d'incidence. Enfin, dans le mouvement réfracté, où les deux parties du chemin ne sont pas uniformes, la facilité de chaque partie est d'autant plus grande, que le produit de l'espace parcouru, multiplié par la résistance du milieu, est plus petit ; et par conséquent la facilité du chemin total est comme la somme des produits des résistances des deux milieux par les chemins parcourus. D'où, en égalant cette somme à un *minimum*, on trouve que les sinus de réflexion et de réfraction sont dans un rapport constant, qui est le rapport inverse des résistances des deux milieux. On voit que ce troisième cas renferme les deux autres, en supposant pour cela que les densités des deux milieux deviennent égales. Toute cette théorie est assurément très-piquante et très-préférable à celles de Descartes et de Fermat. Cependant comme elle est fondée, ainsi que celle de Fermat, sur la métaphysique des causes finales, il faut avouer qu'une solution directe vaut encore mieux. Le système de l'attraction, ou plutôt la loi de la gravitation universelle, démontrée par tous les phénomènes, donne cette solution de la manière la plus précise, la plus satisfaisante, et absolument à l'abri de toute difficulté.

Les mouvemens de réflexion et de réfraction ne sont pas les seuls auxquels la lumière soit sujette : elle en éprouve encore un autre, celui de *diffraction*, ou *d'inflexion*, par lequel un rayon passant tout auprès d'un corps opaque change de direction. En effet, si vous introduisez un rayon de lumière par un petit trou, dans une chambre obscure, vous verrez qu'en exposant à la lumière, des corps minces, tels qu'un cheveu, une épingle, une paille, etc., les ombres de tous ces corps sont considérablement plus larges qu'elles ne devraient être, si les rayons qui passent par leurs extrémités

Diffraction de la lumière.

suivaient leurs premières directions rectilignes; vous verrez de plus que ces ombres sont bordées de trois bandes ou franges de lumière parallèles entr'elles, et qu'en agrandissant le trou, les franges se dilatent et se mêlent ensemble, de sorte qu'on ne saurait les distinguer. Grimaldi, dont nous avons déjà parlé, est le premier qui ait remarqué ce phénomène, ainsi que la dilatation du faisceau des rayons solaires par le prisme, comme on peut le voir dans son ouvrage intit·lé: *Physicomathesis de lumine*, etc. Long-temps après, Newton traita cette matière à fond, dans son Optique, et la débarrassa de quelques mauvaises explications physiques que Grimaldi y avait introduites.

An 1651.

On doit citer avec éloge, parmi ces premiers opticiens, le P. Kircher, Jésuite, homme d'un savoir très-étendu en divers genres : on lui attribue en particulier l'invention de la lanterne magique.

KIRCHER, né en 1602, m. en 1680.

Jacques Grégori contribua au progrès de l'Optique par son ouvrage: *Optica promota*, qui contient diverses propositions curieuses sur la théorie de l'Optique, et des vues pour perfectionner la construction des instrumens qui dépendent de cette science. Il est principalement connu comme opticien, par son *télescope à réflexion :* il était d'ailleurs bon géomètre.

GRÉGORI, né en .... m. en 1671.

Les *Leçons d'Optique* de Barrow, qui parurent en 1674, sont remarquables par une foule de belles propositions présentées et démontrées dans l'ordre le plus simple et le plus méthodique. Cet avantage caractérise surtout la détermination des foyers de diverses sortes de verres dioptriques, que l'auteur a réduite en formules générales très - élégantes.

Newton avait jeté les fondemens de son Optique dans quelques écrits imprimés parmi ceux des *Transactions philosophiques* de la société royale de Londres, aux années 1671, 1672, etc. Une de ses principales découvertes qu'il fit dès ce temps-là, est la diverse refrangibilité des rayons de lumière. Nous reviendrons à lui comme opticien, lorsque nous en serons à l'année 1706, où il publia son traité complet d'Optique.

En 1678, Huguens communiqua à l'académie des sciences de Paris, dont il était membre, un *Traité de la lumière* imprimé seulement en 1690. Il s'y est proposé pour objet principal, l'explication physique et mathématique des lois du mouvement de la lumière, soit en ligne droite, soit par réflexion, ou par réfraction. Entr'autres belles recherches que cet ouvrage contient, l'auteur démontre qu'un globule de lumière qui traverse un milieu composé de couches de différentes densités, doit décrire une courbe dont il apprend à déterminer la propriété fondamentale, dans chaque hypothèse. Par exemple, lorsque le milieu est composé de couches horizontales, et que la vitesse du globule augmente ou diminue en même raison que la densité des couches diminue ou augmente, on trouve que la courbe doit être un arc de cycloïde.

Huguens avait encore composé en divers temps plusieurs autres ouvrages relatifs à l'Optique, qui n'ont paru qu'après sa mort. De ce nombre est sa dissertation sur les couronnes, les parhélies et les parasélènes, dont je crois devoir dire un mot.

On sait que les couronnes sont des anneaux circulaires de lumière, que l'on voit quelquefois pendant le jour autour du soleil, et pendant la nuit autour de la lune ; que les parhélies sont de faux soleils, ou des soleils apparens autour du véritable, et que de même les parasélènes sont de fausses lunes. Ces phénomènes ont été aperçus dans tous les temps ; mais on a commencé, seulement il y a environ quatre-vingts ans, à les observer avec exactitude : car Aristote, et Cardan qui vivait dix-huit siècles plus tard, avancent qu'on ne voit jamais plus de deux parhélies ensemble, tandis que réellement, en y apportant l'attention nécessaire, on en remarque souvent un plus grand nombre. Par exemple, on vit cinq soleils à Rome le 29 mars 1629; sept à Dantzick le 20 février 1661; etc. Or, est-il possible, dit Huguens, qu'il ait paru, en un si petit nombre d'années, six ou sept parhélies composés chacun de plus de deux soleils, et que le même phénomène n'eût jamais paru dans les temps antérieurs? Sans doute, on ne regardait autrefois comme de vrais parhélies, que les deux parhélies latéraux qui sont en effet les plus considérables, et on ne faisait pas attention aux autres comme plus faibles et plus languissans. Descartes entreprit d'expliquer toutes ces apparences; mais son explication était un peu vague et même fausse à certains égards. Huguens la rectifia, et par une application exacte des principes de la Catoptrique et de la Dioptrique mieux connus, il rendit parfaitement raison de toutes les circonstances des parhélies. La théorie est la même pour les parasélènes.

Invention du télescope et du microscope.

J'ai parlé en général de l'utilité du télescope dans l'Astronomie : c'est ici le lieu de le faire un peu mieux connaître, et de dire aussi quelque chose du microscope, autre instrument de même espèce qui n'a pas rendu moins de services à la Physique et à

l'Histoire naturelle que le premier à l'Astronomie.

L'opinion commune est que la première
invention du télescope est due à Jacques Métius, et on la place au commencement du
siècle dernier. Tel est en particulier le sentiment de Descartes, qui écrivait en Hollande
environ trente ans après cette découverte.
Voici comment il s'exprime à ce sujet au commencement de sa Dioptrique : quoique le passage soit un peu long, je crois qu'on le verra
ici avec plaisir. « Toute la conduite de notre
» vie dépend de nos sens, entre lesquels celui
» de la vue étant le plus universel et le plus
» noble, il n'y a point de doute que les inven-
» tions qui servent à augmenter sa puissance,
» ne soient des plus utiles qui puissent être.
» Et il est mal aisé d'en trouver aucune qui
» l'augmente davantage que celle de ces mer-
» veilleuses lunettes qui n'étant en usage que
» depuis peu nous ont déjà découvert de
» nouveaux astres dans le ciel, et d'autres
» nouveaux objets dessus la terre en plus
» grand nombre que ne sont ceux que nous y
» avions vus auparavant; en sorte que portant
» notre vue beaucoup plus loin que n'avait
» coutume d'aller l'imagination de nos pères,
» elles semblent nous avoir ouvert le chemin

I.   25

» pour parvenir à une connaissance de la na-
» ture beaucoup plus grande et plus parfaite
» qu'ils ne l'ont eue. Mais à la honte de nos
» sciences, cette invention si utile et si admi-
» rable n'a premièrement été trouvée que par
» l'expérience et la fortune. Il y a environ
» trente ans qu'un homme, Jacques Métius,
» de la ville d'Alemar en Hollande, homme
» qui n'avait jamais étudié, bien qu'il eût un
» père et un frère qui ont fait profession des
» Mathématiques, mais qui prenait parti-
» culièrement plaisir à faire des miroirs et
» verres brûlans, en composant même l'hiver
» avec de la glace, ainsi que l'expérience a
» montré qu'on en peut faire, ayant à cette
» occasion des verres de diverses formes,
» s'avisa par bonheur de regarder au travers
» de deux, dont l'un était un peu plus épais
» au milieu qu'aux extrémités, et l'autre au
» contraire beaucoup plus épais aux extré-
» mités qu'au milieu, et il les appliqua si heu-
» reusement aux deux bouts d'un tuyau, que
» la première des lunettes dont nous parlons
» en fut composée ; et c'est seulement sur ce
» patron que toutes les autres qu'on a vues
» depuis ont été faites, etc. »

D'autres racontent que les enfans d'un lune-
tier de Middelbourg en Zélande, dont on

ignore le nom , en se jouant dans la boutique de leur père , remarquèrent que lorsqu'ils mettaient l'un devant l'autre deux verres de lunettes, et qu'ils regardaient au travers le coq d'un clocher voisin , ils le voyaient plus gros que de coutume ; que le père frappé de cette singularité , s'avisa d'ajuster deux verres sur une planche, en les y fixant d'abord à l'aide de deux cercles de laiton, qu'on pouvait approcher ou éloigner à volonté; et qu'avec ce secours on voyait mieux et plus loin : qu'ensuite on vint par degrés à placer les verres dans un tuyau , et à former le télescope, etc. Il y a encore d'autres opinions sur l'origine du télescope; je ne les rapporterai point ; je me contenterai d'observer que le témoignage d'un homme tel que Descartes en faveur de Jacques Métius, doit être du plus grand poids. La prétention des Italiens qui ont cherché à attribuer la première invention du télescope à Galilée, n'est pas soutenable : car Galilée raconte lui-même qu'étant à Venise lorsque le premier bruit de cette découverte s'y répandit, il attendait des lettres de Paris, pour s'assurer des merveilles que la renommée en débitait, et qu'après en avoir reçu la confirmation , il chercha par les lois de la réfraction , la composition de cet instrument, et qu'il la trouva. En possession du principe, il parvint par degrés à former un télescope qui grossissait les objets environ trente fois en diamètre, et avec lequel il découvrit les satellites de Jupiter, les taches du soleil, etc. Il a donc simplement deviné le mécanisme du télescope, sur la description qu'on lui envoya de ses effets : cette part à la découverte est assez brillante, pour qu'on ne doive pas chercher à l'exagérer.

Lunette de Hollande.

La lunette de Galilée, autrement appelée *lunette de Hollande*, est composée d'un objectif convexe, et d'un oculaire concave, ou plan concave placé entre l'objectif et son foyer; de sorte que les axes des deux verres tombent sur une même ligne, et que leurs foyers concourent en un même point. Les rayons que l'objectif tend à réunir deviennent parallèles au sortir de l'oculaire, et forment au foyer commun une image sensible qui représente l'objet dans sa position naturelle. Le champ de ces sortes de télescopes est fort petit, et d'autant plus petit, que le tuyau est plus long: inconvénient qui en a fait abolir l'usage dans l'Astronomie, où l'on a besoin de longs tuyaux, qui aient néanmoins un certain champ. On ne les emploie plus que pour les petites distances.

Quelques années après l'invention de ce télescope, Képler en proposa un autre qui fut insensiblement adopté de tous les astronomes, et qu'on appelle la *lunette astronomique*. Cette lunette a un objectif convexe, et pour oculaire une lentille convexe d'un ou des deux côtés, placée de telle manière que son foyer concourt avec celui de l'objectif, et que ce foyer commun tombe entre les deux verres : elle fait voir les objets dans une situation renversée; mais elle a l'avantage de procurer un champ étendu et de longs tuyaux.

Lunette astronomique.

Il y a une troisième sorte de télescope dont on se sert ordinairement pour observer les objets terrestres : ce n'est autre chose que le précédent, auquel on a ajouté deux autres verres pour redresser les objets.

Télescope terrestre, ou lunette ordinaire.

Tous ces télescopes sont purement dioptriques, parce qu'on n'y emploie que la simple réfraction de la lumière. Il y en a d'autres plus composés, où l'on combine tout à la fois la réflexion et la réfraction de la lumière, et que par cette raison on appelle télescopes *cata-dioptriques*. Tels sont le télescope *grégorien*, et le télescope *newtonien*, dont on peut voir la description détaillée dans les livres d'Optique.

Télescopes catadioptriques.

Le microscope est un instrument fondé sur les mêmes principes que les télescopes. On ignore le temps précis de son invention, et le nom de l'inventeur. On croit ordinairement

Invention du microscope.

que Corneille Drebbel en est l'auteur, et que les premiers microscopes ont paru vers l'an 1618 ou 1620. Longues discussions à ce sujet, sur lesquelles je ne reviendrai pas. Quelques écrivains ont fort ravalé Drebbel : la vérité est qu'il avait reçu une excellente éducation à Alcmar sa patrie, et qu'il était très-versé dans toutes les connaissances physiques de son temps.

Il y a plusieurs espèces de microscopes. La plus simple de toutes, est une lentille convexe d'un ou de deux côtés, et qu'on appelle en général une *loupe*. En la plaçant de manière que son foyer tombe sur le point qu'on veut considérer, les rayons qui sortent parallèles de la lentille, forment une image vive de l'objet. Quelquefois au lieu d'une loupe, on emploie une petite sphère de verre qu'on forme facilement en faisant fondre un petit morceau de verre à la flamme d'une mèche imbibée d'esprit de vin, pour éviter la fumée qui se mêlant avec le verre en fusion, rend les globules opaques. On peut encore faire un microscope simple avec une boule de verre pleine d'eau. La seconde espèce de microscope est fort semblable au télescope astronomique. Elle est composée de deux lentilles convexes; celle qui forme l'objectif est d'un foyer fort court; on place l'objet un peu au-delà de ce foyer, afin d'éloigner son image et de la grossir à proportion ; ensuite on place le foyer d'un oculaire dans l'endroit où est cette image, afin de la voir distinctement. Quelquefois dans cette même espèce de microscope, on met un oculaire à peu près au milieu entre l'objectif et l'image, pour que cette image se forme beaucoup plus proche de l'objectif, et que par conséquent le tuyau du microscope devienne plus court : on agrandit même par ce moyen le champ du microscope. Enfin, on construit aussi des microscopes catadioptriques. Voyez sur toute cette matière les leçons d'Optique de la Caille, l'Optique de Smith, la Dioptrique d'Euler, etc.

Avant de quitter l'Optique, il nous reste encore à parler un peu de la Perspective, qui s'y rapporte, du moins en partie On ne peut pas douter, comme je l'ai remarqué, que les anciens n'aient connu la Perspective linéaire, et même la Perspective aérienne. Mais il paraît qu'on n'a commencé à réduire en corps de doctrine les préceptes de la Perspective et l'ensemble de ses parties, que dans le seizième siècle. On cite un très-grand nombre d'auteurs qui ont publié des ouvrages sur ce sujet. Tels sont entr'autres en Italie *Lucas de Borgo*,

Perspective aérienne.

Jean-Baptiste Alberti; en Allemagne, *Albert Durer;* en France, *Jean Cousin,* etc. La plupart de leurs ouvrages sont médiocres. On doit distinguer de la foule Guido Ubaldi, qui donna, en 1600, un très-bon traité de Perspective, conformément aux principes généraux et certains de la Géométrie et de l'Optique.

GUIDI,
né en 1513,
m. en 1617.

FIN DE LA TROISIÈME PÉRIODE ET DU PREMIER VOLUME.

TABLE.

I. 26

TROISIÈME PÉRIODE.

Fin de la Table du premier volume.

ERRATA.

Page 81, lig. 7, *insistentibus* lisez *insidentibus*

Page 255, lig. 5, *quinzième* lisez *treizième*

www.ingramcontent.com/pod-product-compliance
Lightning Source LLC
Chambersburg PA
CBHW061004220326
41599CB00023B/3831